KB119106

하리하라의
눈 이야기

하리하라의

눈 이야기

우리가 알고 싶었던
또 다른 눈의 세계

이은희 지음

한겨레출판

머리말

또 다시 새해가 밝았습니다. 열두 장이 꽉 채워진 두툼한 달력을 보고 있노라니 어쩐지 마음도 든든해집니다. 새해를 맞이하는 저마다의 풍경은 다를 겁니다. 누군가는 해돋이 명소에서 일출을 바라보며 각오를 다져보기도 했을 테고, 가족과 함께 타종식을 보며 소원을 빌어보는 사람도 있겠지요. 또 누군가는 지난 한 해를 되돌아보며 후회와 반성의 시간을 가지기도 할 테고, 올해는 부디 희망의 빛이 보이기를 간절히 바라기도 하겠지요. 어쩌면 새해에는 꼭 해보고픈 일들의 리스트를 작성해볼 수도 있겠지요. 올해는 멋진 곳으로 여행도 가보고, 맛있는 것도 먹으러 다녀보고, 누군가를 만나 사랑도 해보고 싶다고 말이죠. 수험생이라면 다가오는 시험을 잘 보기를 원할 테고, 장성한 자식들을 둔 사람들이라면 며

느리나 사위, 혹은 손주 보는 게 소원일 수도 있으시겠지요. 큰일을 맡아 자신의 역량을 시험해보고 싶기도 하고, 올해를 도약의 기회로 여기는 이도 있을 겁니다.

이쯤에서 저의 새해 다짐을 소개해볼까요? 올해는 누군가를 곁눈으로 흘겨보고 약점을 들춰내 흥보고 아픈 곳을 찔러보는 일은 하지 않기를, 대신 사랑하는 이들과 함께 희망 어린 미래를 보고 삶의 구석구석을 돌아보며 살 수 있기를, 무엇이든 이전보다 나은 삶이 펼쳐지기를 기원해봅니다.

이쯤에서 뭔가 눈치를 채셨겠지요? 이 문장에서는 뜻은 조금씩 다르지만 '보다'라는 단어가 연속해서 여러 번 사용되었다는 것을요. '보다'는 일상생활에서 가장 많이 쓰이는 단어 중 하나입니다. 실제로 표준국어대사전을 살펴보면 '보다'라는 단어는 동사로 쓰일 때만 무려 28가지 용법(여기에 보조동사로 사용될 때면 4개 용법이 추가됩니다)으로 쓰인다고 하니, 일상생활에서 '보다'라는 단어를 쓰지 않고 말하는 게 어려울 정도입니다. 그럼에도 불구하고 '보다'라는 동사가 가장 그럴듯하게 연결되는 주체는 뭐니뭐니해도 '눈'입니다.

저는 눈이 좋습니다. 이십대에는 시력검사표에서 2.0줄에 적힌 글자를 어렵지 않게 보곤 했었으니까요. 그래서 눈에 대해서는 크게 신경을 쓰지 않으며 살아왔고, 뭔가가 보이지 않아 고생한 기억도 별로 없습니다. 대학원 시절, 안경을 쓴 선배가 현미경을 무의식적으로 들여다보다가 접안렌즈에 부딪쳐 아파할 때도, 겨울이면 따뜻한 실내에 들어갈 때마다 눈앞이 하얗게 변해 안경을 닦아야만 하는 친구들을 볼 때도 약간 불편하겠거니 하고 피상적으로 생각할 뿐이었습니다. 그래서 눈에 대한 연재를 의뢰받을 때만 하더라도 눈에 대해서 그다지 깊이 생각해본 적이 없었습니다.

그렇게 타의반 자의반으로 눈에 대한 과학적인 이야기들을 구상하기 시작하면서 처음 든 생각은 눈의 구조물에 대해 하나하나 알아보자는 것이었습니다. 우리가 눈이라는 단어로 뭉뚱그려 말하는 전체 구조물이 무엇으로 이루어져 있으며, 각 부위의 생물학적인 특성과 질환들에 주목해보자는 것이었지요. 그러나 칼럼의 얼개를 구상하고 이야기를 풀어나가면서 단순히 눈의 구조물과 생물학적 특성만 이야기하는 것은 부족하다는 것을 깨달았습니다. 눈은 단순한 신경과 혈관, 근육으로 이루어진 단백질 구조물이 아니었습니다.

물론 눈이라는 구조물이 보여주는 정교함과 시각을 형성하는 복잡한 일련의 과정은 충분히 경이로웠습니다. 하지만 그토록 정교하고 복잡한데도 불구하고 인간의 눈으로 볼 수 없는 것들이 엄청나게 많다는 사실이 크게 와 닿았습니다. 또한 눈은 나와 나를 제외한 세상의 모든 것을 이어주는 가장 중요한 통로임에도 불구하고, 있는 그대로 세상을 보여주지 않는다는 것도요.

사람은 감각적 경험의 80%를 눈에 의존하고 시각을 통해 가장 많은 정보를 받아들이는 시각 의존형 개체이지만, 정작 시각적 정보를 해석하고 인식하는 뇌는 눈이 보내는 시각적 정보를 있는 그대로 받아들이지 않고 나름대로 재단하고 해석하고 등급을 매겨 받아들입니다. 우리는 저마다 세상을 보고 있지만, 타인은 내가 보는 대로 세상을 바라보지 않으며 애초 내가 보는 대로 세상이 존재하는지조차 알 수 없다는 것, 그것이 흥미로웠습니다.

이 책은 눈에 관한 과학적 이야기라기보다는 처음으로 '눈'에 대해 관심을 가지기 시작한 초보자의 서투른 관찰기이자 눈의 세계로 여행을 떠난 초보 여행자의 기록일지에 가깝습니다. 그리고 그 첫 번째 여행기가 마무리되었습니다. 늘 보고 있기에 오히려 들여다 볼 수 없었던 눈의 세계를 한 번쯤 둘러보고 싶었던 분들에게 흥미로운 가이드북이 되었으면 합니다.

마지막으로 이 여행을 무사히 끝낼 수 있도록 도와주신 분들께 감사를 드립니다. 제게 눈의 세계로 여행하기를 권해주시고 갈피를 못 잡고 헤맬 때도 묵묵히 지켜봐주셨던 한겨레 토요판의 고경태 에디터와 고나무 기자, 좋은 안내자가 되어 주셨던 정민석 교수님, 박의우 교수님, 이수경 법의관님, 이강환 박사님, 안과 의사 권현석님께 감사드립니다. 그리고 늘 곁에 있어 주어 고마운 가족들에게도 사랑한다는 말을 글로 대신하고자 합니다.

III 눈을 넘어 보다

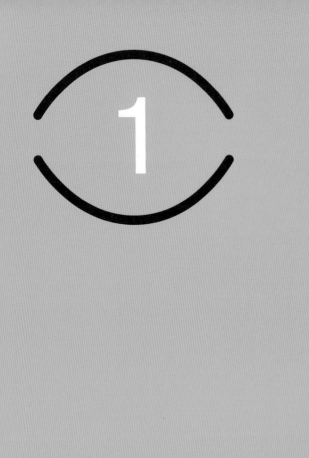

눈으로
보다

빛이 있으라

아홉 살 때의 일이었다. 서울에서 태어나 자란 아이는 아버지의 지방 발령으로 어느 바닷가 시골 마을로 이사를 가야 했다. 밤늦게 서울에서 출발하는 자동차 뒷좌석에서 아이는 까무룩 잠이 들었고, 아침 햇살이 얼굴을 때려 잠에서 깨었을 때도 여전히 자동차는 달리고 있었다. 그렇게 하룻밤을 꼬박 달려 도착한 곳은 바닷가 작은 마을에 새로 지어진 단층 양옥집이었다.

아이는 그날 처음으로 눈이 시리도록 푸른 바다를 보았다. 바닥이 훤히 보일 정도로 투명하게 파란 한려수도의 바다를. 때는 여름 방학 시기인 8월이었기에 주변은 온통 푸르렀다. 집 근처의 논과 들판, 산등성이들은 초록이 한창이었고 꼬불꼬불한 골목길을 따라 야트막한 집 몇 채만 지나가면 바로 맑은 바다가 나타났다.

아이는 이곳이 마음에 들었다. 새 집은 깨끗했고 아이에겐 동생과 나눠 쓰지 않아도 되는 자신만의 방이 생겼으며, 주변 풍광은 색다르고 예뻤으니까. 낯설지만 예쁜 곳에서의 하루는 꿈결같이 흘러갔고 아이는 만족한 기분으로 잠자리에 들었다. 그날 밤이었다. 잠자리가 낯설어서일까, 문득 잠에서 깨었다. 하지만 잠을 깬 건지 아닌 건지 알 수 없었다. 눈을 떴는데 아무것도 보이지 않았다. 그때까지 아이는 완벽한 어둠을 접해본 적이 없었다. 대도시의 밤은 완벽하게 어둡지 않다. 한밤중에도 인공조명이 춤추는 대도시의 어둠은 처음 불을 껐을 때만 잠시 위력을 나타낼 뿐, 곧 암적응이 된 눈은 사물의 형태 정도는 너끈히 구별할 수 있었다.

하지만 이곳의 밤은 달랐다. 눈을 떠도 감았을 때와 다르지 않은 깜깜한 어둠. 평소 악몽을 꿨을 때처럼 베개를 들고 부모님 방으로 갈 엄두조차 내지 못할 정도의 완벽한 암흑. 아이가 현실로 돌아온 건, 아이의 비명을 듣고 달려온 부모님이 전등 스위치를 올린 순간이었다. 세상은 다시 밝아졌고, 그 환하고 밝은 빛에 밀려 순식간에 어둠은 사라졌다.

빛이 있으라. 이 한마디의 위력은 대단하다. 전등 빛이 아이의 마음에서 어둠의 공포를 밀어냈듯 "빛이 있으라"는 말 한마디로부터 영겁의 혼돈이 끝나고 세상은 시작되었다. 비단 창세기만의 이야기가 아니다. 기록되거나 구술되어 내려오는 거의 모든 창조 설화에서 빛의 탄생 혹은 그와 대비되는 어둠의 파괴는 태초의 시작을 의미한다.

이집트에서도 혼돈의 바다 아비스Abyss에서 태어난 창조신 아툼이 가장 먼저 만들어낸 것은 빛이었으며, 중국의 반고는 칠흑처럼 깜깜한 어둠이 너무도 갑갑해 이를 깨뜨리며 세상의 시원始原을 고했다. 하지만 세상에 아무리 빛이 가득 넘친다 해도 그 빛을 감지할 수 없다면 빛이 존재한들 무슨 의미가 있을까. 그런 점에서 진정한 '빛의 세계'의 탄생은 우리가 그 빛을 감지하는 감각기관, 즉 '눈'을 가지게 되었을 때라 해도 틀리지 않다.

눈의 탄생, 진화를 재촉하다

화석상의 기록에 따르면 지구상에 최초의 생명체가 태어난 것은 38억 년 전으로 알려져 있다. 하지만 최초의 생명체가 출현한 이후 진화와 종 간 분화는 매우 느린 속도로 진행되었다. 지구 역사를 1년으로 축약해서 볼 수 있는 존재조차 시간이 지나면서 생물이 변화한다는 사실을 알아차리기 어려울 정도였다. 최초의 생물 발생 이후 30억 년이라는 오랜 세월이 지나는 동안 동물계에서는 겨우 3개 문門, Phylum*의 동물들이 발생했을 뿐이다. 이를 달력에 비유하자면 지구력 기준으로 3월 말 경에 생물이 처음 나타난 이후 11월 말까지 거의 변화가 없는 엇비슷한 날들이 이어진 셈이다.

하지만 영원히 지속될 것만 같은 지루한 영화도 결국엔 끝이 나고, 불이 켜진다. 지구의 역사에도 그렇게 '불이 켜지는 순간'이 존재했다. 바로 5억 4,300만 년 전에서 5억 3,800만 년 전까지의 500만 년. 지질학적 시간 개념으로는 하룻밤에 불과한 500만 년 사이에 그동안 지지부진했던 생명체들이 일제히 잠에서 깨어난 듯 갑작스레 수많은 동물들이 출현하기 시작한 것이다.

이 '하룻밤' 새 지구상에 존재하는 동물의 종류는 순식간에 38개의 문으로 늘어났다. 오랜 세월 침묵을 지켜왔던 생물 다양화라는 폭탄의 뇌관이 드디어 작동한 것일까? 그렇지는 않았다. 오히려 그중 일부는 멸종**해서 사라지기도 했다. 그 후로도 진화는 계속되었지만, 이 시기의 변화가 지각 변동이라면 이후는 여진에 불과한 정도였다.

---

*   생물체의 분류는 계(界, Kingdom)-문(門, Phylum)-강(綱, Class)-목(目, Order)-과(科, Family)- 속(屬, Genus)-종(種, Species)으로 나뉘는데, 이 분류에 따르면 사람은 동물계-척삭동물문(척추동물아문)-포유강-영장목-사람과-사람속-사람으로 분류할 수 있다.

**   캄브리안 대폭발 시기에 새로이 생겨난 동물 중에 몸 길이 4cm 정도의 작은 생명체인 피카이아도 있다. 『공생, 멸종, 진화』(이정모, 나무, 나무, 2015)에서 저자는 '작은 기생충'처럼 생긴 이

500만 년의 폭발 순간 이후, 다시 5억 년의 시간이 흐르는 동안 38개의 동물 문에는 하나의 새로운 문도 추가되지 않은 것이 이를 증명한다. 수십 억 년 동안에도 제자리걸음이었던 생명체의 새로운 모습들이 이렇게 순식간에 다양하게 늘어난 것은 물론이고 그 이후에도 새로운 동물 문이 추가되지 않은 데에는 분명 이유가 있다. 5억 년 전에 처음 생겨나 지금까지 지속되는 무언가가 있었다. 그리고 이후 5억 년의 시간 동안 그 변화를 능가하는 새로운 변화를 허락하지 않은 굳건한 무언가 말이다.

이처럼 진화상에서 갑작스레 많은 동물 문들이 추가된 것을 '캄브리아기의 대폭발'이라 부른다. 학자들은 저마다 증거들을 해석해 캄브리아기의 생물 대폭발을 일으킨 다양한 가설들을 제시했는데 그중 눈에 띄는 것이 하나 있다. 바로 '빛 스위치 이론Light Switch Thoery'이다. 빛, 정확히 말해 빛을 식별할 수 있는 기관인 '눈'의 존재가 수많은 생명체를 진화시킨 원동력이라는 것이다.

'빛 스위치 이론'을 주장한 앤드류 파커는 자신의 책 『눈의 탄생』(뿌리와 이파리, 2007)에서 당시를 이렇게 비유한다.

상이 있으라! 동물 세계에 완전히 새로운 감각이 들어왔다. 더구나 이 감각은 결코 평범한 것이 아니었다. 그 어떤 감각보다 막강해지게 될 감각이었다. 그리고 최초의 눈이 눈을 떴을 때, 세상 모든 것이 처음으로 빛에 노출되었다. 지구에 빛의 스위치가 켜졌고, 그 빛은 이전 시대를 특징지었던 점진적 진화에 종지부를 찍었다.

작은 생명체가 이 때 발생한 것은 우리에게 천만다행이라고 말한다. 비록 피카이아 자체는 멸종했지만, 피카이아는 이후 물고기부터 사람에 이르기까지 모든 등뼈 달린 동물들의 공통 조상이 되었다.

　　　　　　　　　　　　　　　　　I. 눈으로 보다

물론 캄브리아기 이전에 살던 동물들도 빛을 느끼지 못했던 건 아니었다. 꼭 눈이 있어야만 빛을 감지할 수 있는 것은 아니니까. 실제로 눈은 커녕 그와 비슷한 것조차 없는, 사실 눈을 가지기에는 너무 작은, 미생물조차도 빛을 따라 움직이는 주광성走光性을 보인다.

하지만 단순히 빛을 '느끼는' 것과 빛을 이용해 사물을 '보는' 것은 차원이 다른 일이다. 빛을 느끼는 것은 밝음과 어두움을 구별하고 빛과 함께하는 열기를 피부감각으로 느끼는 것에 불과하지만, '보는' 것은 빛을 이용해 주변 사물의 존재와 위치를 감지하고 상대를 식별할 수 있게 한다. 물론 눈이 없어도 소리(청각)나 화학물질(후각과 미각), 혹은 기타 다른 감각 장치를 이용해 상대를 식별하고 감지하는 것이 불가능한 건 아니다. 하지만 빛은 그만의 특성이 있다.

지구는 태양에 의해 하루 중 절반은 빛을 받는다. 그리고 빛은 빠르다. 빛은 소리나 화학물질에 비해 속도가 빠르기 때문에 먼 거리에서도 상대를 식별할 수 있게 한다. 즉, 타자의 발자국 소리나 냄새가 인지되었을 때는 이미 피하기 힘들 만큼 충분히 가까운 경우가 많지만, 빛을 이용해 상대를 감지하는 건 상대적으로 멀리 떨어져 있을 때도 충분히 가능하다. 멀리서도 상대를 파악해 대응할 시간을 벌 수 있다는 것, 이것이 생물체의 생존에 유리하게 작용했으리라는 것은 불 보듯 뻔한 일이다.

원생동물의 일종인 단세포 생물 유글레나의 모습. 유글레나는 몸 안 쪽에 붉은색의 안점을 가지고 있어서 빛을 감지할 수 있다. 유글레나는 엽록체를 가지고 있어 광합성이 가능하기에 빛을 감지하고 빛이 있는 쪽으로 모여드는 습성이 있다.

문득 영화 〈눈먼 자들의 도시〉의 한 장면이 떠오른다. 1995년 발표된 주제 사라마구의 동명 소설을 원작으로 삼은 이 영화는 한 남자가 갑자기 운전 도중 멈춰서서 비명을 지르는 것으로 시작된다. 조금 전까지 신호등과 도로 표지판을 읽어내며 운전하던 그의 눈에 갑자기 하얀 장막이 드리워진 것처럼 아무것도 보이지 않았기 때문이다. 행인의 도움으로 집에 온 남자는 아내와 함께 안과 의사를 찾는다. 하지만 의사는 그의 눈에서 실명을 유발한 어떠한 이상 징후도 찾아내지 못한다. 그리고 한나절도 채 못되어 최초로 눈이 먼 남자와 접촉했던 사람들이 차례로 눈이 멀기 시작한다. 그를 도와준 행인(사실은 도와주는 척하고 그의 차를 훔친 차 도둑), 그의 아내, 그를 진료한 안과 의사, 그리고 그가 진료를 기다리던 안과 병원 대기실의 환자들.

갑작스러운 실명이 끔찍한 재앙의 전조가 될 것이라는 낌새를 알아차리기도 전에 도시 전체에 '백색 실명' 증상이 들불처럼 번져나간다. 이유도 치료법도 알지 못한 채 일순간 눈이 먼 사람들은 오물과 배설물이 널려있는 더러운 거리를 칠흑 같은 공포 속에서 떨며 헤맨다. 오직 한 사람, 눈먼 자들 속에서 오로지 홀로 눈을 뜨고 있던 여자만이 경악하고 절망하고 슬퍼하며 이들을 구원한다. 그녀의 인도에 따라 서로의 어깨와 손에 의지하여 줄을 선 이들은 그것이 생명줄이라도 되는 양 꼭 붙잡고 그녀의 말 한마디에 귀를 쫑긋 세운 채 갓 태어난 어린 오리들처럼 그녀의 뒤만 졸졸 좇는다. 그녀는 단지 '볼 수 있다'는 이유만으로 순식간에 이들을 구원하는, 혹은 구원해야만 하는 절대적이고 무거운 짐을 지게 된 것이다. 본다는 것의 위력을 이토록 실감나게 묘사하다니!

　　　　　　　　　　　　　　　　　　　I. 눈으로 보다

눈이 있으라

캄브리아기 동물들도 비슷한 충격을 겪었을 것이다. 여기 갑자기 '눈'이 뜨인 동물이 있다. 이전까지는 고만고만한 다른 동물들과 비슷했지만, 눈을 가진 이후 이들의 운명은 급물살을 타게 된다. 천적을 피하고 먹이를 구하는 일은 이전보다 수월해졌으며, 이로 인해 생존하고 번식하라는 유전자의 명령을 더 잘 수행할 수 있게 되었다. 이들의 변화는 다른 생물체들에게 변화의 필요성을 뼛속 깊이 자각시키는 진화적 압력이 된다.

눈이 없는 존재는 눈을 가진 존재들과 먹이 경쟁에서 밀리지 않아야 했고, 생존 경쟁에서 도태되어 멸종되지 않으려면 어떻게든 변해야만 했다. 외골격을 바꿔 단단한 외피를 만드는 것이든, 보호색이나 위장색으로 몸을 감추는 것이든, 몸의 구조를 바꿔 물 밖에서도 살아갈 수 있는 것이든 수단과 방법을 가리지 않아야 했다. 물론 개중에는 상대가 가진 최고의 무기를 자신도 갖추는 방법을 택한 존재들도 있었다. 바로 눈을 만드는 것이다. 물론 모두가 같은 방법을 사용한 것은 아니었다. 모로 가도 서울만 가면 되듯이 어떤 방식으로 눈을 만들든 빛을 이용해 사물을 인식하면 될 테니까.

실제로 사람과 같은 척추동물의 눈은 수정체를 가진 단안 구조이지만, 곤충과 같은 절지동물들은 작은 눈을 여러 개 겹쳐 커다란 눈을 만드는 복안이어서, 둘의 발생 방법은 전혀 다르다. 같은 단안 구조라고 해도 기원이 다를 수 있다. 사람의 눈과 오징어의 눈은 모두 단백질을 기반으로 하는 단안 구조이지만 이들이 발생하는 과정은 같지 않다. 중요한 건 어떤 방법을 사용하든 눈이 만들어지는 순간, 빛이 찾아왔고 세상은 밝아졌다는 것이다. 눈의 탄생을 계기로 등장한 진화적 압력은 강력해서 오랜 세월 완만하게 이루어져 왔던 동물들의 구조를 다양하게 변모시키는 데 결정적 역할을 했다.

그렇다면 지구상에서 최초로 빛을 이용한 감지 장치인 '눈'을 갖춘 존재들은 누구일까. 그 주인공은 바로 절지동물, 그중에서도 삼엽충이었다. 선캄브리아기인 5억 5,000만 년경에 등장해서 2억 5,000만 년 전 페름기 대멸종 때 사라지기까지 약 3억 년 동안 지구의 바다에서 번영했던 삼엽충三葉蟲, trilobite 은 등 부위가 세로 방향으로 뚜렷이 3조각으로 나뉘는 특징을 가지고 있어 이런 이름이 붙었다.

삼엽충은 현대의 절지동물들과 마찬가지로 외부가 단단한 골격으로 덮여 있는 외골격 동물이다. 삼엽충의 외골격 기본 구성물질은 탄산칼슘이었다. 그래서 지구상에 최초로 나타난 눈이 방해석으로 이루어졌다는 것은 매우 자연스럽다. 방해석은 투명한 마름모꼴의 결정체로 출토되는 암석으로, 탄산칼슘으로 만들어진 돌이다. 흑연을 이루는 것이 탄소인 것처럼 방해석을 이루는 물질이 바로 탄산칼슘인 것이다. 방해석은 투명해서 빛이 잘 투과하는데다 삼엽충 입장에서는 어차피 외골격을 만

캐나다 브리티시 콜럼비아 주 필드 부근의 스티븐 산 삼엽충 층에서 발견된 올레노이데스 에라투스 Olenoides erratus. 삼엽충이라는 이름은 등쪽의 구조물이 3개의 잎사귀 모양으로 이루어져 있다고 해서 붙은 이름이다. ⓒ위키피디아

　　　　　　　　　　　　　　　　I. 눈으로 보다

드는 재료로 사용하고 있으니 조달하기도 쉬웠을 것이다. 이렇듯 삼엽충은 광물질인 방해석을 이용해 눈을 만들었다. 이건 또 다른 의미에서 우리에게 행운의 요소가 되었다.

　사람을 비롯해 대부분의 포유동물의 눈은 단백질로 이루어져 있고, 단백질은 무르고 변성이 잘 되는 조직이기 때문에 화석으로 남겨지기가 극히 어렵다. 하지만 방해석으로 만들어진 삼엽충의 눈은 그 자체가 단단한 구조물이기 때문에 화석으로 남겨지는 비율이 상대적으로 높았고, 그 결과 인류는 수억 년 전에 살던 삼엽충의 눈을 원형과 크게 어긋나지 않게 들여다볼 수 있는 기회를 얻을 수 있게 되었다. 그리고 그렇게 발견된 삼엽충의 눈은 대부분의 절지동물들이 그렇듯 여러 개의 작은 홑눈이 모여 만들어진 겹눈 구조를 띠고 있다.

　삼엽충 입장에서는 구하기 쉬웠던 방해석이 최초의 고려 대상이었을지 모르나, 방해석이 눈을 구성하는 렌즈로 기능하기에 최적의 조건을 가지고 있는지는 의문이다. 가장 큰 문제는 방해석을 이용한 렌즈는 세상을 있는 그대로 보여주지 않는다는 것이다. 방해석은 결정 구조가 마름모꼴이기 때문에 꼭지각의 각도가 동일하지 않다. 각각의 마름모꼴

(위)삼엽충과 (아래)티라노사우르스 렉스의 화석. 광물질로 이루어진 삼엽충의 눈은 그대로 화석으로 굳어진 반면 단백질로 구성된 티라노의 눈은 사라지고 눈이 있었던 자리에 빈 구멍만 남아 있다.

꼭지의 각도는 102도와 78도로 다르기에 빛이 어느 각도로 들어오느냐에 따라 굴절률이 달라진다. 그래서 방해석을 통과한 빛은 두 갈래로 굴절되는 복굴절 현상을 보이게 된다. 때문에 방해석을 렌즈로 이용해 세상을 보면 물체가 이중으로 보인다. 물론 아예 안 보이는 것보다 이중으로 겹쳐 보이더라도 보이는 게 더 나을지도 모르겠지만, 적어도 최초의 '눈 장착자'인 삼엽충이 그런 정도의 눈에 만족한 듯싶지는 않다.

재료가 부족하면 조리법에 변화를 주어 요리의 맛을 내는 것처럼 삼엽충들은 복굴절을 하는 방해석 렌즈의 약점을 구조적 배열로 커버했다. 실제로 삼엽충의 겹눈 구조를 자세히 들여다보면 각각의 홑눈을 이루는 방해석 렌즈들이 빛이 입사하는 방향과 특정 축이 평행하도록 열을 지어 늘어서 있어 복굴절을 막는다. 다시 말해 각각의 홑눈을 정교하게 배치해 이중으로 꺾이는 빛을 다시 꺾어서 하나로 합쳐 내는 방식을 터득했다는 것이다. 따라서 삼엽충이 보는 세상도 그리 이중적이지는 않았을 것이라는 게 화석을 연구하는 학자들의 입장이다.

물론 이러한 복잡한 구조물이 하루아침에 뚝딱 이루어지진 않았을

방해석 결정과 복굴절 현상. 글씨가 이중으로 보인다. ⓒ나무위키

Ⅰ. 눈으로 보다

것이다. 하지만 생물체는 수십억 년이라는 오랜 세월을 진화를 위한 시간으로 사용할 수 있었고 다양한 변이들을 축적하여 이러한 눈을 만들어 냈던 것이다. 최초의 눈은 삼엽충의 껍데기에서부터 시작되었다. 하지만 이후 생명의 운명은 변한다. 눈을 갖춘 생물의 등장은 진화의 임계점을 건드렸고, 이후 생물은 폭발적으로 증가하고 변화하기 시작했다. 세상은 빛에 의해 시작되었을지 모르지만, 다양한 생물들의 진화는 눈에 의해 가속화되었다. 어쩌면 생물체에게 있어 강한 메시지는 '눈이 있으라'였을 지도 모른다.

눈은 어떻게 생겨났는가?

우리는 평소에 본다는 것을 크게 의식하지 않는다. 우리의 눈은 그저 눈 꺼풀을 밀어 올리는 아주 작은 움직임만으로도 세상을 보어주기 때문이다. 하지만 본다는 것은 그렇게 단순한 행위가 아니다.

간단하게 사람 눈의 기본 구조를 그려보자. 눈을 세로 방향으로 단면을 잘라 관찰하면 아래 그림처럼 보인다. 눈은 이 그림의 번호 순서대로 빛을 눈 안으로 전달한다. 즉 각막을 지난 빛은 홍채가 만든 틈, 동공을 통해 안으로 들어오고 수정체를 통해 굴절된 뒤, 유리체vitreous body를 통과해 망막에 상을 맺는다. 이렇게 형성된 상은 시각신경을 통해 눈 뒤쪽으로 빠져나가 뇌로 전해지고, 뇌는 이 신호를 읽어 이미지를 해석한다.

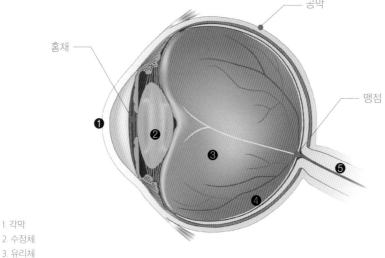

1. 각막
2. 수정체
3. 유리체
4. 망막(시각세포)
5. 시각신경

I. 눈으로 보다

우리가 단순히 '상을 맺는다'라고 말하는 과정만 해도 신경 써야 할 것이 한두 가지가 아니라는 점에서 시각이 얼마나 정교한 장치인지는 드러난다. 우리가 무언가를 보기 위해서는 먼저 시선이 정확히 물체에 맞도록 안구를 움직이는 과정이 필요하다. 사람의 시야는 그다지 넓은 편이 아닌데다 중심 시야와 바깥 시야의 인식 차이도 매우 크다. 눈 가장자리의 시각은 중심부의 1/40에 불과할 뿐더러, 애초 중심 시각의 범위 자체가 매우 좁다. 우리가 눈 옆을 스치고 지나가는 존재를 인식은 해도 구별하지 못하는 이유가 이 때문이며, 아무리 곁눈질을 많이 해도 제대로 한 번 눈을 마주치느니만 못한 것 역시 이 때문이다. 따라서 무언가를 정확히 보려면 대상과 눈을 맞춰야 한다.

눈을 맞추기 위해서는 안구를 자유자재로 움직여야 한다. 이때 안구는 입체감 있게 대상을 보기 위해서 양쪽 눈이 동시에 같은 방향으로 움직이는 것이 기본이지만, 이와 별개로 아주 가까운 것을 볼 때는 눈이 동시에 안쪽으로 몰려야 하는 등의 예외적인 움직임도 가능해야 한다. 또한 머리가 흔들려도 시선은 특정 물체를 주시할 수 있어야 하며 움직이는 물체를 따라가면서 보는 능력도 있어야 한다.

이렇게 대상에 시선을 고정시킨 후에는 빛이 눈에 적당하게 들어가도록 홍채를 이용해 동공의 크기를 적절히 조절해야 한다. 사람의 눈은 어두워도 볼 수 없지만, 지나치게 밝아도 볼 수 없다. 때문에 홍채를 조절해 적절한 양의 빛만 통과시키는 게 매우 중요하다. 유전적 이상으로 홍채가 아예 없는 선천성 무홍채증을 가지고 태어난 아이의 시력이 매우 나쁘게 측정되는 건 이 때문이다. 가운데 구멍이 뚫린 동그란 부채 형태의 홍채는 빛이 약하면 홍채를 열어 동공을 크게 하고, 빛이 강하면 홍채를 닫아 동공을 줄임으로써 눈 안에 일정 수준의 빛이 들어갈 수 있도록 조절한다.

시선과 광량을 조절한 뒤에도, 망막에 정확한 상이 맺히도록 하려면 대상과의 거리에 따라 수정체의 두께가 조절되어야 한다. 프로젝터를 이용해 영화를 볼 때를 생각해보자. 프로젝터와 스크린의 거리가 너무 가까워도, 너무 멀어도 스크린에 상이 제대로 맺히지 않는다. 이럴 때 우리는 프로젝터와 스크린의 거리를 조절해 정확한 상이 맺히도록 한다. 오징어나 물고기, 개구리, 뱀은 이처럼 수정체의 위치를 앞뒤로 조절해 망막에 정확한 상이 맺히도록 조절한다. 하지만 사람의 경우 수정체가 고정되어 있어 이런 방식으로 초점을 맞추는 것이 불가능하다.

문제를 해결하는 방식이 한 가지만 있는 것은 아니다. 사람의 수정체는 위치 조절은 안 되지만, 신축성이 좋아서 수정체의 두께 변화를 이용해 굴절률을 조절하는 것은 가능하다. 수정체가 두꺼워지면 빛의 굴절 각도가 커져 물체의 상이 상대적으로 앞쪽에 맺히고, 수정체가 얇아지면 굴절 각도가 작아져 상이 뒤쪽에 맺히게 된다. 따라서 물체와의 거리가 짧아 상이 뒤쪽에 맺히는 것을 볼 때면 수정체는 두꺼워져서 상을 앞으로 끌어당기고, 먼 것을 볼 때는 얇아지면서 상이 맺히는 위치를 뒤로 밀어 물체의 거리와 상관없이 정확히 망막 위에 상이 맺히도록 조절한다.

이런 방식으로 상이 맺히는 각도를 조절하다 보니 수정체의 조절 기능에 이상이 생겨 늘 두껍거나 얇은 상태로 유지되는 경우가 발생할 수도 있다. 이때 수정체가 늘 두꺼운 상태로 유지되면 먼 거리는 잘 보이

I. 눈으로 보다

지 않는 근시가 나타나고, 반대로 평소보다 얇아져 있게 되면 가까운 것이 잘 보이지 않는 원시가 나타나게 된다. 또한 수정체의 신축성에는 문제가 없더라도 한계는 존재하기에 무한정 두꺼워지거나 무한정 얇아질 수는 없다. 즉 아주 멀리 떨어져 있는 것도 볼 수 없지만 역으로 바로 코 앞에 있는 것도 제대로 볼 수 없다. 책을 멀리 떨어뜨려도 읽을 수 없지만, 바로 코 앞에 들이대도 역시 읽을 수 없는 건 이런 이유 때문이다.

흥미롭게도 이러한 수정체의 신축성 한계 때문에 대부분의 갓난아기들이 원시 상태로 태어나는 원인으로 작용한다. 갓난아기의 안구 내부 직경은 평균 16.8밀리미터 정도로 이는 수정체가 아무리 신축성이 좋아도 상을 망막에 정확하게 맞춰 굴절시키기에는 지나치게 짧은 거리다. 따라서 갓난아기들은 대부분 원시 상태로 태어난다.

물론 이 원시는 아기의 성장에 따라 안구의 크기가 커지면서 대부분 해결되지만, 간혹 안구의 크기 자체가 수정체의 신축성을 넘어서는 사람들이 있다. 즉 안구가 지나치게 짧거나 지나치게 긴 경우에는 수정체의 이상이 없이도 원시나 근시가 나타날 수 있다. 특히 안구는 보통 열네 살 즈음이면 성장을 멈추는데, 이후에도 안구가 계속해서 자라는 경우 상대적으로 수정체와 망막 사이가 길어지면서 구도적인 근시, 즉 축성 근시 증상을 겪게 된다.

수정체의 두께에 의해 빛이 꺾이는 정도가 달라진다는 사실은 라식 혹은 라섹과 같은 시력 교정술이 등장하는 배경이 되었다. 눈으로 들어오는 빛은 수정체를 통과하기 전에 각막을 먼저 통과한다. 빛은 서로 다른 매질을 통과할 때 굴절되기 때문에 각막을 통과할 때도 역시 굴절되게 마련이다. 따라서 각막을 깎아 얇게 만들면 굴절률이 달라지기 때문에 수정체에 입사하는 각도가 커져서 상대적으로 물체의 상이 뒤쪽으로 이동하는 효과를 가져와 근시 교정에 효과가 있는 것이다. 이처럼 단순히 눈으로 들어오는 빛을 망막에 정확하게 맺히게 하는 과정에도 필요한 게 많다. 신기한 것은 이 모든 과정이 의식하지 않아도 이루어지는 자동적인 과정이라는 것이다. 게다가 눈 깜짝할 새 말이다.

　여기까지만 해도 신기한데, 더욱 신기한 것은 이 과정은 모든 단계가 하나하나 맞물려야 하는 정교한 구조임과 동시에 이중 어느 하나라도 고장나거나 제 기능을 하지 못하면 우리는 세상을 볼 수 없는 올 오어 낫씽 All or Nothing 구조물이라는 것이다.

눈의 구조들

빛의 최초 입구인 각막부터 다시 한 번 살펴보자. 유리창을 미세하게 긁어 상처를 내면 불투명 유리가 만들어지는 것처럼 각막이 손상되거나 혼탁해지면 1차적으로 시력을 잃게 된다. 빛 가리개 홍채가 제 기능을 못해도 문제다. 각막을 통해 홍채에 걸러져 안구로 들어온 빛은 눈의 렌즈인 수정체를 통해 굴절되고, 눈의 모양을 유지하는 유리체를 지나 눈의 안쪽 벽이자 눈의 필름인 망막에 상을 맺는다. 이때 수정체가 빛을 정확하게 망막에 위치시키지 못하면 근시나 원시 같은 굴절 이상으로 인한 시력 저하 현상이 나타나고, 수정체가 백내장 등으로 혼탁해지면 아예 상을 맺을 수 없어 앞을 볼 수 없게 된다. 유리체도 중요하다. 유리체는 안구가 구형을 유지하도록 하므로 유리체가 부족하다거나 너무 많다면 안구가 찌그러지거나 부풀어 오르므로 망막에 제대로 상을 위치시킬 수가 없다.

여기까지는 문제가 없더라도 망막의 세포가 손상되었거나 제대로 기능하지 못한다면 시각은 형성되지 않는다. 또 안구 구조와 기능에 전혀 이상이 없더라도 이들이 인식한 이미지를 전기 신호로 바꾸어 뇌의 시각피질에 전달해줄 시신경에 문제가 있거나, 이미지를 해석하는 뇌의 시각피질 자체에 문제가 있어도 시각은 형성되지 않는다. 예를 들어 시신경이 눌려서 좁아지면 마치 수도관이 막혀 물이 나오지 않는 것처럼 시각 신호 전달이 안 되어 볼 수 없다. 이렇게 시신경이 좁아지는 증상이 '녹내장'이다. 또한 이 모든 경로가 아무 문제가 없다 해도 뇌에서 시각피질로 유입되는 경로나 시각피질 자체가 물리적 충격이나 뇌졸중 등에 의해 손상되어 있다면 우리는 세상을 볼 수 없다.

즉, 각막(과 홍채) — 수정체 — 유리체 — 망막(특히 황반) — 시신경 — 시각피질로 이어지는 시각적 연결고리가 모두 한꺼번에 작동되는 상태에서만 우리는 세상을 볼 수 있다. 이중 하나라도 누락되거나 기능하지 못하거나 혹은 한꺼번에 동작하지 않고 지연된다면 제대로 된 시각을 형성할 수 없다. 찰나의 짧은 순간에 모든 것이 제 기능을 해야만 형성되는 정교하고 까다로운 감각이 바로 시각인 것이다.

시계와 시계공

만약 당신이 길을 가다가 시계 하나를 주웠다고 가정해보자. 여러 개의 태엽장치가 한 치의 오차도 없이 맞물리며 시침과 분침이 정확히 똑딱거리고, 숫자판 주변에는 정교하고 예술적인 무늬가 아로새겨진 고급 시계를 말이다.

이런 시계를 발견한다면 아마도 머릿속에서는 간만의 횡재라고 생각하며 이를 슬쩍 주머니에 넣고 싶다는 원초적 욕망과, 내것이 아니니 손도 대지 말아야 한다는 도덕적 양심, 이대로 두었다가 누가 집어갈지도 모르니 귀찮더라도 가져다 경찰서에 맡겨야겠다는 의로운 정의감들이 마구 떠오르며 충돌할지도 모른다. 하지만 이 와중에도 당신이 결코 의심하지 않는 사실이 있다. 바로 이 시계가 저절로 만들어져서 하늘에서 뚝 떨어진 것이 아니라, 지구상 어딘가에 이 시계를 만들어낸 시계공이 존재하리라는, 혹은 존재했을 것이라는 사실이다.

19세기 신학자 윌리엄 페일리는 「자연신학 또는 자연현상에서 수립된 신의 존재와 속성에 대한 증거」라는 논문을 통해 생물은 신의 의도에 의해 만들어졌다고 주장하면서 시계 비유를 들었다. 그는 시계처럼 대상 자체가 정밀하고 복잡한 물체가 결코 저절로 만들어질 수 없다는 사실에 동의한다면, 시계보다 100만 배 쯤은 더 복잡하고 정밀한 생명의 탄생에는 창조주의 의도적인 설계가 있었을 것이라 유추하는 것이 자연스럽다고 주장*했다.

---

* 물론 이에 대해 모두가 찬성하는 것은 아니다. 진화론의 선두 주자 리처드 도킨스는 자신의 책 『눈먼 시계공』을 통해 페일리의 논증을 조목조목 따진다. 그는 이 책에서 시계와 생물을 비교하는 것은 오류라고 지적하고, 생물은 '의도된 설계'가 아니라 '자연선택'에 의해 진화되었으며, 거기에는 미리 계획한 의도 따위는 전혀 들어있지 않다고 주장한다. 자연선택이란 의도도 없고 통찰력도 없으며 앞을 내다보지 못하는 과정이다. 따라서 만약 자연선택이 자연의 시계공 노릇을 한다면, 그것은 눈먼 시계공과 다를 바가 없다는 뜻에서 이런 제목을 붙였다고 한다.

특히 페일리의 시계 논증에 가장 많이 등장하는 것이 '눈'이다. 각각의 시계에 반드시 시계를 만든 시계공이 존재한다면, 그보다 훨씬 더 복잡하고 정교한 눈에는 훨씬 더 정교하고 위대한 창조주나 조물주가 존재하는 것이 당연하다는 논리는 직관적으로 쉽게 이해된다. 하지만 정말로 그럴까. 애석하게도 우리의 눈이 어떤 식으로 진화되어 왔는지에 대한 증거는 거의 없다. 앞서 말했듯 사람의 눈은 삼엽충의 그것과는 달라서 대부분 화석적 증거로 남겨지기 전에 사라진다. 그래서 우리는 눈을 구성하는 구조물들이 어떤 순서로 나타났는지 직접적으로 볼 수 없다. 그렇다면 우리 눈은 특정한 설계도에 따라 처음부터 이 상태 그대로 만들어진 것일까?

태아 눈의 발생 과정

진화적으로 긴 시간을 압축해볼 수는 없겠지만, 하나의 수정란에서 눈이 만들어지는 과정은 살펴볼 수 있다. 사람의 피부는 가시광선을 투과시키지 못한다. 그게 가능하다면 우리는 몸 안을 들여다보기 위해 구태여 초음파나 엑스레이의 도움 따윈 받지 않아도 될 것이다. 하지만 피부는 이를 허락하지 않는다. 그러니 엄마의 몸 속, 그것도 자궁 안에서 자라나는 태아가 사물을 파악하는 데 눈을 이용하지는 않을 테니 태아가 뭔가를 보는 일도 없을 것이다. 가끔 임신 후기 입체 초음파 사진을 찍다 보면, 아기가 윙크하듯 눈을 찡그리거나 이리저리 둘러보는 듯한 모습이 보이기도 하지만 — 그래서 초보 엄마 아빠들을 감격시키는 생애 최초의 효도를 하지만 — 아기가 실제로 무언가를 보는 것은 아니다. 그럼에도 불구하고 눈은 꽤 이른 시기부터 발달한다.

수정 후 4주경의 배아는 약 7밀리미터 정도의 세포 덩어리처럼 보이지만, 이미 신경관이 발달하고 있는 상태이다. 이 신경관의 한쪽 끝, 장차 머리가 될 부분의 일부가 부풀어 올라 주머니 모양의 '눈 소포optic vesicle'를 형성한다. 그러다가 주머니의 한쪽이 안쪽으로 접혀 들어가면서 U자형의 컵 모양을 만든다. 이것이 '눈 술잔optic cup'이다.

이렇게 하여 이중 구조가 된 눈 술잔의 안쪽 벽은 장차 망막으로 분화하고 바깥쪽은 공막이 되며, 눈 술잔의 입구 가장자리는 홍채로 분화된다. 술잔형이기 때문에 외부로 열린 앞쪽 공간에는 따로 발생한 수정체 원판이 자리 잡아 맞물리면서 안구의 구형 구조를 완성한다. 기본 구조를 갖춘 눈은 수정 5주경부터 망막 색소를 만들기 시작하고 7주경부터는 시신경을 만들어내기 시작한다. 또한 이들이 만들어낸 분비물은 눈 술잔 안쪽 ― 그러니까 술잔이라면 술을 담을 공간 ― 에 쌓여 유리체를 만들게 되고, 차츰 각막, 공막을 비롯해 혈관과 눈을 둘러싼 다양한 근육들과 눈꺼풀, 눈물샘들이 차례로 자라나서 눈을 완성하게 된다.

눈이 발생하는 시기가 매우 이르기에 안구의 선천성 이상 여부도

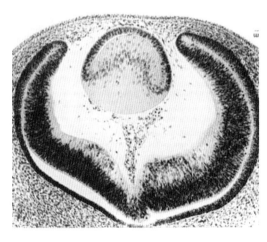

마치 한 송이 꽃봉오리와 이를 둘러싼 잎사귀처럼 보이는 것은 발생 중인 태아의 수정체 원판과 눈 술잔의 모습.

I. 눈으로 보다

매우 일찍 결정된다. 즉, 수정 후 4주경에 눈 소포가 제대로 형성되지 않으면 안구가 아예 없는 무안구증이 나타날 수 있고, 눈 술잔이 형성된 이후에도 어느 시점에서 성장이 멈추면 안구가 정상보다 작은 소안구증이 나타나게 된다. 또한 눈의 구조물들이 완성되는 시기는 각각 달라서 각막은 수정 후 13주, 공막은 16주, 눈꺼풀은 28주 정도면 완성되지만, 망막의 혈관은 출생 시까지 계속 자라나며 눈물샘은 생후 3년 정도 지나야 완전하게 기능을 하게 된다. 흔히 신생아의 울음은 가짜 울음이라 하여 악을 쓰고 울어도 정작 눈물은 나오지 않는 경우가 많은데, 이는 신생아의 눈물샘 기능이 아직 완벽하게 발달하지 않았기 때문이다.

이와 동시에 눈에서 들어오는 신호를 해석하기 위한 뇌의 구조물들도 발생한다. 시신경다발이 교차되고, 시상을 통해 들어온 신호들을 뒤통수 쪽에 위치한 시각피질로 전달하기 위한 정수리 쪽 경로와 측두부 쪽 경로가 형성된다. 또 시각피질에는 각각 움직임과 색을 비롯해 여러 가지 시각 이미지를 해석하는 부위들이 발생하고 자리 잡게 된다.

다시 시계로 돌아가 보자. 지금 손목에 차고 있는 이 시계는 누군가에 의해 만들어진 것이 분명하지만, 시계가 처음 만들어진 그때부터 이런 모습은 아니었을 것이다. 거슬러 올라가보면 시계의 초기 버전은 해가 뜨면 저절로 만들어지는 그림자의 길이와 방향의 차이, 즉 해시계에서 비롯되었다.

현존하는 가장 오래된 해시계는 B.C.1500년경 이집트에서 만들어진 것이지만, 학자들은 이미 B.C.3500년경에 바빌로니아에서 해시계가 쓰였을 것이라 생각한다. 햇빛과 그림자의 연관 관계만 파악할 수 있으면 가능할 테니 길게 잡으면 시계의 역사는 5,500년 전으로 거슬러 올라갈 수 있을 것이다. 그리고 그 5,500년의 시간 동안 시계는 단순히 때를 어림짐작하는 데서 150억 년에 1초를 판별할 수 있는 원자시계*로까지 발전했다.

물론 눈의 복잡성은 시계의 그것을 훨씬 뛰어넘지만 눈의 진화에는 시계가 진화하는 데 걸렸던 시간의 1만 배에 달하는 5억4,300만 년에 달하는 길고 긴 시간의 더미가 존재했었다는 것을 감안해야 한다. 아무리 눈이 복잡하다고 한들, 이 정도 시간이면 발생하는 데 충분하지 않았을까?

---

*   "150억 년에 1초 오차 원자 시계 개발"(《한겨레》, 2015년 4월 23일자)

빛을 잃고 생명을 얻은 아이들: 미숙아 망막병증

"신이 내린 목소리"라는 평을 받는 것이 전혀 이상하지 않은 가수 스티비 원더. 그는 1976년 갓 태어난 딸 에이샤Aisha를 위해 노래를 부른다. 만천하에 자신이 '딸 바보'임을 인증하는 듯한 이 노래의 제목은 'Isn't she lovely?'로 사랑스러운 천사를 만나게 된 행운을 노래한다. 하지만 경쾌한 리듬에 맞춰 행복한 얼굴로 노래하는 이 딸 바보 아빠의 목소리가 어쩐지 서글프게 들리는 건 그의 눈 때문이리라. 결코 딸아이의 얼굴을 볼 수 없는, 시력을 잃은 아빠의 눈 말이다. 스티비 원더는 1950년 5월, 예정보다 6주나 빠른 임신 34주에 세상에 태어나 인큐베이터에서 인생을 시작했다. 그리고 이로 인해 발생한 미숙아 망막병증으로 영구 실명하게 된다.

우리 몸을 구성하는 세포들은 살아가기 위해 반드시 영양분과 산소가 필요하므로, 혈관들이 몸 구석구석에 분포하여 이들에게 필요한 물질들을 날라 준다. 망막 역시 마찬가지인데, 망막 혈관은 눈이 발생하는 시기가 매우 이른 것에 비해서는 상당히 늦게 완성된다. 사람의 경우 코 쪽에 가까운 망막 부위의 혈관들은 임신 8개월경이면 완성되지만, 귀 쪽에 가까운 부위의 망막 혈관은 임신 10개월, 즉 거의 출생 시기가 다 되어서야 겨우 완성된다. 태아의 망막이 제 기능을 하는 것은 태어난 이후일 테니, 그 전에는 이곳에 산소 공급을 할 이유가 없기 때문에 보통의 경우에는 큰 문제가 없다. 하지만 종종 아이들은 달수를 못 채우고 빨리 태어나기도 하고, 이런 경우 늦게 발달하는 망막 혈관은 문제가 될 수 있다.

망막 못지않게 늦게 발달하는 또 하나의 기관은 폐다. 당연하게도 뱃속의 태아들은 탯줄을 이용해 숨을 쉬고, 자궁 안은 양수로 가득 차 있으니 폐가 공기를 들이마실 필요가 전혀 없다. 폐는 임신 38주경이 되어야 완성되는데 이보다 일찍 태어나는 미숙아들은 호흡을 제대로 하지 못하므로, 이를 보충해 주기 위해 인큐베이터 내의 산소 농도는 대기 중의 농도(21퍼센트)보다 높게 설정된다.

아기의 눈에서 발생 중인 망막 혈관이 고농도의 산소와 마주하게 되면 발생을 멈추고 수축되거나 폐쇄된다. 더 큰 문제는 아기들이 무사히 숨을 고르고 인큐베이터 밖으로 나와 보통의 공기로 호흡하게 될 때 나타난다. 상대적으로 산소 농도가 높다가 낮아지는 상황에 맞닥뜨리면, 아기의 망막은 산소가 부족해졌다고 판단해 산소를 보충하기 위해 마구잡이로 신생 혈관들을 만들어낸다.

대부분의 임시조치는 완벽하지 못하듯 응급으로 만들어낸 신생 혈관들은 상당수가 정상적으로 발달하지 못하고 터져서 출혈을 일으키거나 딱딱하게 굳어버리는 섬유화 현상을 겪게 된다. 이것이 미숙아 망막증이다. 물론 미숙아 망막증이 생긴다고 해서 모두 다 시력에 문제가 생기는 것은 아니다. 일반적으로 미숙아로 태어난 아기들 중 25퍼센트 정도에 미숙아 망막증이 나타나지만, 다행하게도 인체에는 자가 복구 능력이 있기 때문에 이들 중 대부분은 돌 이전에 이상이 생긴 혈관들을 복구하고 다시 정상 혈관을 형성해 시력을 유지하는 것이 가능하다.

하지만 이중 일부 아기들은 터지고 섬유화된 혈관들을 제대로 복구하는 데 실패해 망막에 영구적인 흉터가 남거나 망막의 혈관들이 오그라들며 망막이 안구 내부에서 떨어지는 망막 박리 현상이 나타나기도 한다. 이를 미숙아 망막병증이라고 하는데, 미숙아 망막증을 진단받은 아기의 1~5퍼센트는 미숙아 망막병증이 나타나고 이들 중 일부는 영구적으로 시력을 잃게 된다.

미숙아 망막증은 고농도의 산소와 상관관계가 있어 인큐베이터가 처음 도입되던 시절에 많이 발생한 것으로 알려져 있다. 당시에는 고농도의 산소가 신생아의 눈에 해롭다는 사실을 알지 못했기 때문에 인큐베이터 내부 산소 농도가 지금보다 훨씬 높았다. 이후 인큐베이터의 산소 농도를 40퍼센트 이하로 엄격하게 유지하도록 권고하여 한동안 발생률이 줄어들었으나, 최근에는 인큐베이터 기술의 발전으로 초극저체중아(출생 체중 1,000그램 이하)*의 생존율이 올라가면서 상대적으로 다시 증가세를 보이고 있다. 이 정도로 작고 일찍 태어난 아기들에게는 여린 눈을 보호하는 것보다 간신히 붙잡고 있는 생명의 끈을 놓지 않도록 산소를 불어 넣어주는 일이 더 시급한 경우가 많기 때문이다. 살기 위해 빛을 잃어야 하는 아기들이 더 이상 생기지 않기를 바랄 뿐이다.

---

* 대한의사협회에서는 제태주령보다 일찍 태어났거나 혹은 체중이 적은 아기들을 미숙아 (Premature infant, 임신 37주 이만 출생), 저체중아(Low birth weight, 제태 연령 상관없이 출생 체중 2,500 그램 이하), 극소저체중아(Very lowbirth weight, VLBW, 체중 1,500그램 미만), 초극소체중아(Extreme low birth weight, ELBW, 체중 1,000그램 미만)로 나누고 있다.

두 개의 눈으로 보는 세상

이오는 슬펐다. 그래서 울었다. 하지만 그 슬픔은 가련한 흐느낌이 아니라 낮고 탁한 소울음이 되어 터져 나왔다. 그녀는 하얀 암소로 변해 버린 제 몸을 보며 또 한 번 나직한 울음을 토해냈다. 그녀는 원래 강의 신 이나코스의 딸로 태어난 아름다운 님프였다. 그런데 어쩌다 이렇게 되었을까. 그녀의 죄라면 어리석게도 제우스의 사탕발림에 넘어갔다는 것뿐이었다. 하지만 그것은 불가항력이었다. 생각해보라. 한낱 순진한 어린 님프가 어찌 신들의 제왕이자 '선수'의 대명사 격인 제우스의 유혹에 넘어가지 않을 수 있었으랴.

하지만 때와 장소를 가리지 않는 남편의 바람기에 넌덜머리가 난 제우스의 아내 헤라에게 그런 건 일말의 고려 대상조차 되질 않았다. 헤라는 제우스에게서 암소로 변한 그녀를 반강제로 빼앗아 더러운 외양간에 집어넣고는 백안百眼의 아르고스로 하여금 감시토록 했다. 아르고스가 지닌 100개의 눈은 잘 때도 모두 감기는 법이 없었다. 끊임없이 자신을 바라보고 있는 눈동자의 환영은 아무리 눈을 감아도 사라지지 않았고, 그물처럼 이오의 마음을 옭죄어 왔다.

아르고스의 목을 베는 헤르메스의 모습이 그려진 도자기의 일부.

I. 눈으로 보다

그리스 신화 속 아르고스는 불쌍한 존재다. 아랫사람 된 자로 헤라의 명령에 따라 100개의 눈을 부릅뜨고 밤낮으로 이오를 지켰지만, 끔찍하게 살해당하고 만다. 밤낮없이 구슬프게 울어대는 어린 연인에게 마음이 쓰인 제우스가 아들 헤르메스를 시켜 이오를 구해낼 것을 명했고, 충실한 아들 헤르메스는 쉬링크스의 아름다운 선율로 아르고스를 재운 뒤 그의 목을 베고 아버지의 연인이자 수많은 의붓어머니 중 하나인 이오를 구해내는 데 성공한다.

헤르메스가 굳이 잠든 아르고스의 목을 벨 필요가 있었는지 의문이다. 어차피 아르고스는 100개의 눈을 모두 감고 깊은 잠에 빠져들어 버렸는데 말이다. 졸지에 신들의 부부 싸움 희생양이 되어버린 아르고스. 그래도 측은지심이 남아 있었는지 자신의 명을 지키다가 목이 잘린 수하에게 헤라는 자신만의 방식으로 그를 기린다. 목이 떨어지는 순간 충격과 억울함으로 크게 벌어진 아르고스의 백안을 자신의 신조神鳥인 공작의 꽁지깃에 심어 영원토록 곁에 둔 것이다. 그래서 공작의 꼬리를 보면 억울하게 죽어 눈조차 감지 못한 아르고스의 원한이 서려 있는 듯하다. 그런데 과연 100개의 눈으로 보는 세상은 어떤 모습일까?

세상을 넓게 보는 두 개의 눈

우리는 두 개의 눈으로 세상을 보는 데 익숙하다. 사람만이 아니다. 우리에게 익숙한 눈이 달린 생명체들 역시 두 개의 눈으로 세상을 보는 경우가 많다(물론 예외도 있긴 하다). 우리에게 가장 익숙한 구도는 눈 둘, 귀 둘, 코 하나, 입 하나가 배열된 얼굴이다. 그런데 왜 하필 하나가 아니라 두 개인 것일까? 그리고 둘이 낫다면, 왜 셋이나 넷, 혹은 열둘은 아닌 것일까?

일단 눈이 하나가 아닌 이유는 하나보다는 둘이 낫기 때문이라고 직관적으로 말할 수 있을 것이다. 일단 눈이 두 개이면 하나일 때보다 시야가 더 넓어지는 건 분명하다. 벽에 같은 크기의 창문을 낸다면, 하나보다는 둘이 방 안으로 빛과 바람이 더 잘 통한다는 건 설명할 필요조차 없다. 하지만 단지 시야를 넓힐 목적으로 눈이 하나 더 필요했다면, 왜 하필 두 개의 눈이 모두 얼굴 중심부에 모여 있는 것일까? 이왕 두 개가 존재하려면 하나는 얼굴에, 하나는 뒤통수에 존재해야 전후좌우를 살피는 데 더 유리하지 않았을까?

하지만 사람의 두 눈은 모두 얼굴 전면부에 존재하기 때문에, 하나일 때보다 시야는 겨우 4분의 1정도 넓어질 뿐이며 양쪽 관자놀이 뒤쪽의 시야, 즉 세상의 절반은 여전히 사각지대에 놓인다. 눈앞에서 얼쩡대는 모기를 잡으려고 분기탱천해 일어났던 사람들이 잠시 후 눈앞에서 모기가 깜쪽같이 사라지는 황당한 경험을 하고는 허무하게 주저앉게 되는 이유도 이 때문이다. 모기는 순간적인 회전과 방향 전환에 능수능란한 초소형 비행물체이기에 시야각이 좁은 인간의 눈으로는 눈앞의 모기가 갑자기 사라지는 것처럼 보이는 것이다. 덩달아 내 피를 빤 녀석을 겨냥해 가열차게 들었던 손도 힘없이 떨굴 수밖에.

만약 생명을 디자인하는 누군가가 시야의 확장을 위해서 눈이 하나 더 필요하다고 판단했다면, 그의 벤치마킹 대상은 사람이 아니라 토끼나 말과 같은 초식동물이 더 적당할 것이다. 이들의 눈은 얼굴의 정면이 아닌 측면에 존재하고 있다. 사람으로 따지자면 관자놀이 부근에 각각의 눈이 자리 잡고 있는 셈이다. 이렇듯 이들의 눈은 측면에 위치하고 서로의 시야각이 겹치는 범위가 좁기 때문에, 각각의 눈이 가지는 시야의 범위를 최대로 확장할 수 있도록 되어 있다.

그래서 말의 경우는 머리를 고정하고 있을 때에도 뒤쪽 30도 정도를 제외하고는 모두 볼 수 있으며, 토끼의 경우 사각지대가 겨우 9도에 불과할 정도로 넓은 시야를 자랑한다. 최대 시야 확장이라는 측면에서 또 다른 모범 사례는 카멜레온이다. 초식동물이 가장 시야가 넓게 확보되는 위치에 눈을 두어 수동적으로 시야를 확장시켰다면, 카멜레온은 두 개의 눈을 각각 자유자재로 움직이는 것이 가능해 시야에서 사각을 없앴을 뿐 아니라, 필요하면 ─ 작은 벌레들을 사냥할 때처럼 ─ 동시에 같은 방향으로 두 눈의 시선을 맞춰 집중하는 것도 얼마든지 가능한 효율적인 방법을 제시한다.

세상을 깊게 보는 두 개의 눈

비록 시야의 확장 분야에서는 사람의 눈이 말이나 토끼보다 못하더라도 사람의 시야 효율이 꼭 떨어진다고 볼 수는 없다. 사람의 경우, 눈이 얼굴 전면에 가깝게 존재하는 덕에 시야는 좁지만 대신 두 눈의 시야가 상당 부분 겹쳐지면서 원근감과 입체감의 판별에 있어 매우 유리하다. 눈이 두 개이고 두 눈이 약간이라도 떨어져 있다면 각각의 눈에 들어오는 시각 영역은 서로 다를 수밖에 없다. 눈앞에 손가락을 하나 세우고 양쪽 눈을 번갈아 윙크하듯 감아보면, 눈을 번갈아 뜰 때마다 손가락이 움직이는 것처럼 보인다.

이처럼 양쪽 눈이 보는 세상은 조금씩 다르다. 하지만 우리의 뇌는 하나의 대상에 대해 두 개의 상을 형성하지 않으려 하기 때문에, 각각의 눈에 들어온 시각 정보를 합쳐 하나의 이미지로 통합하게 된다. 양쪽 눈에서 각각 뻗어 나온 시신경이 뇌로 들어가기 전에 하나로 합쳐지는 이유는 이 때문이며 이렇게 양쪽 시야를 합치는 과정에서 시야에 입체감이 더해진다. 사람의 눈은 비록 시야가 넓은 편이 아니지만, 원근감과 입체감을 판별하는 데 매우 탁월하다.

사람은 기본적으로 세상을 '깊이 있게' 바라본다. 양팔을 벌린 뒤 한쪽 눈을 감고 손가락 끝을 맞대는 것이 어려운 이유는 한 눈으로 바라보는 세상은 평평해서 두 손가락의 거리감이 정확히 느껴지지 않기 때문이다. 그런 점에서 『마음의 눈』(올리버 색스, 알마, 2013)에 등장하는 수전 베리의 사례는 매우 흥미롭다.

신경생물학자인 그녀는 선천적으로 사시斜視를 가진 채 태어났고 어린 시절 몇 차례 수술을 받았으나 증상은 개선되지 않았다. 그녀의 두 눈 중 어느 한쪽에 시력 문제가 있는 것은 아니었다. 하지만 그녀는 세상을 한 눈으로밖에는 볼 수 없었다.

(왼쪽) 『3차원의 기적』의 저자 수전 베리의 어린 시절 사진. 사시를 가지고 태어난 그녀는 쉰 살이 되어서야 비로소 입체적으로 세상을 볼 수 있게 되었다.
(오른쪽) 카멜레온은 양쪽 눈을 각각 따로 움직일 수 있어 시야에 사각지대가 거의 없다.

I. 눈으로 보다

일반적으로 우리는 어떤 물체를 볼 때 두 눈의 시선을 대상에 일치시켜 본다. 뇌는 양쪽 눈에서 들어온 '동일한 대상에 대해 약간 어긋나게 겹쳐지는 장면'을 하나로 인식하고 이를 합쳐 입체시를 만들어낸다. 하지만 사시를 가진 아이의 경우, 두 눈의 시선이 서로 어긋나기 때문에 뇌가 양쪽 눈에서 받아들이는 영상은 겹치는 정도가 떨어진다. 즉, 두 개의 서로 다른 장면이 양쪽 눈을 통해 뇌로 들어오는 것이다. 심지어 하나의 대상이 두 개로 보이기도 한다.

카멜레온이라면 문제없을 테지만, 인간의 뇌는 이렇게 서로 다른 정보들을 접하면 혼란에 빠진다. 게다가 실제로도 문제가 된다. 하나밖에 없는 커피잔이 두 개로 보일 때 어떻게 해야 뜨거운 커피에 손을 데지 않고 무사히 잔을 잡을 수 있을 것인가? 선천적으로 사시를 가진 채 태어난 아이들은 시행착오를 거쳐 이를 판별하는 방법을 깨닫는다. 방법은 한쪽 눈을 질끈 감고 다른 한쪽 눈에서 받아들이는 정보만을 받아들이면서 테스트하는 것이다. 사람에 따라서는 주로 보는 눈(왼손잡이와 오른손잡이가 있는 것처럼 눈도 주로 사용하는 눈이 있다)에서 들어오는 영상만을 '진짜'로 인식하고 다른 눈의 시야는 일괄적으로 무시할 수도 있고 마치 연달아 윙크를 하듯이 양 눈을 번갈아 사용할 수도 있지만, 사시안을 가진 사람들은 한 눈으로만 세상을 보는 경우가 많다. 따라서 이들에게 세상은 다채롭지만 평평한 TV 화면과 같은 모습으로 비치게 된다.

수전 베리는 자신이 남들과 다른 방식으로 세상을 보고 있다는 사실을 스무 살이 되어서야 깨달았다. 수전은 태어날 때부터 한 눈으로 세상을 바라보았기에 이것에 익숙해져 남들은 다른 방식으로 세상을 본다는 사실을 인식조차 못했다. 성인이 되고도 한참이 지난 후에야 사시를 교정할 수 있었던 그녀는 입체시를 처음 얻게 되었을 때의 심정을 색스에게 보낸 편지에 이렇게 적었다.

> 어느 겨울날, 얼른 점심을 때우려고 교실에서 식당으로 바삐 가고 있었어요. 교실에서 몇 발짝 떼지 않아서, 저는 별안간 걸음을 멈추었어요. 탐스럽고 촉촉한 눈송이들이 저를 둘러싸고 느릿느릿 떨어지고 있었어요. 저는 눈송이들 하나하나 사이의 공간을 볼 수 있었어요. 그 모든 눈송이들이 한데 어우러져 아름다운 3차원의 군무를 추고 있었어요. 과거에는 눈이 저보다 조금 앞에 있는 한 장의 평면 안에서 떨어지는 것처럼 보였을 거예요. 저는 제가 떨어져서 내리는 눈을 들여다보는 것처럼 느꼈을 거고요. 하지만 이제, 저는 제 자신이 내리는 눈 속에, 눈송이들 한 가운데에 있다고 느꼈어요. 점심도 잊은 채, 저는 몇 분 동안 내리는 눈을 지켜보았고, 깊은 환희감에 압도되었어요. 내리는 눈이 그토록 아름다울 수 있답니다. 특히 생전 처음 볼 때는 말이죠.
>
> ─『3차원의 기적』(수전 베리, 초록물고기, 2010)

외눈박이 맹수는 목숨을 잃을 위험이 크다

수전 베리와는 달리 대부분의 사람들은 시선을 하나로 통합시킬 수 있고 이 과정에서 입체감을 얻을 수 있다(늘 그래 왔기에 이를 고마워하지도 않는다). 그런데 이렇게 양안의 시야를 겹쳐 원근감을 살리는 것, 입체시는 흥미롭게도 사냥꾼의 특성이다.

동물들도 말이나 사슴 같은 초식동물은 얼굴 측면에 따로따로 눈이 존재하지만, 사자나 호랑이와 같은 육식동물의 경우 얼굴 전면 중앙부에 두 개의 눈이 빛나고 있다. 이렇게 눈의 위치가 다른 것은 아마도 쫓는 자와 쫓기는 자의 숙명 때문일 것이다. 초식동물의 경우, 가장 중요한 것은 천적의 존재 자체를 인식하는 것이다. 천적이 멀리 있는지 가까이 있는지 따지기에 앞서 일단 천적 — 혹은 천적으로 의심되는 존재 — 이 나타나면 무조건 도망쳐야 살아날 확률이 높다. 따라서 이들은 눈의 위치를 최대한 멀리 떨어뜨림으로써 각각의 눈이 지닌 시야를 최대한으로 확장시키는 방식으로 생존을 도모했다.

반면 육식동물의 경우, 눈앞의 먹잇감이 하나든 백이든 내 발톱으로 움켜쥐기 전까지는 모조리 그림의 떡에 불과하다. 따라서 이들에게는 단순히 보이는 것보다, 대상과의 거리를 정확히 인식하는 것이 중요하다. 거리를 잘못 인식한다면 사냥감을 향해 멋지게 뛰어올랐는데 발톱 한 번 못 써보고 땅바닥에 저 혼자 나뒹구는 낯뜨거운 상황을 연출할 수도 있기 때문이다.

문제는 창피함이나 민망함이 아니다. 이 한 번의 실수는 결정적이다. 이런 요란한 원맨쇼를 시야가 넓은 초식동물들이 못 볼 리 없을 테니 사냥꾼이 실수를 수습할 즈음이면 이미 재빠른 먹잇감들은 저 멀리 달아나 버린 후일 것이다. 그러면 그날의 사냥은 공칠 수밖에 없다. 그리고 다음에도 이런 실수가 반복된다면 사냥꾼은 결국 굶어 죽을 수밖에 없다. 그래서 이들에게는 목표가 되는 사냥감의 위치를 정확하게 판별해야 할 뿐 아니라, 이 한 번의 도약으로 사냥감의 목덜미에 정확히 이빨을 박아 넣으리라는 확신을 눈에서 얻어야 한다. 그래서 이들은 넓은 시야 대신 좁지만 겹쳐지는 시야를 통해 대상과의 거리감과 입체감을 획득한다.

실제로 야생에서는 한쪽 눈을 다친 맹수들이 사냥에 번번이 실패하고 결국 목숨마저 잃게 되는 경우가 종종 발생한다. 이는 한쪽 눈만으로는 사냥감과의 거리 가늠이 어렵기 때문에 일어나는 현상이다. 그런 이유에서 무협지에 등장하는 '외눈 고수'들의 신화는 상당히 부풀려졌을 가능성이 높다. 한쪽 눈이 없다면 원근감이 판별되지 않기 때문에 정확한 공격과 방어가 어려운 건 당연한 일일 테니까. 물론 피나는 훈련의 결과로 눈에서 오는 정보의 괴리를 극복하는 '마음의 눈'을 얻었다고 가정한다면 할 말 없지만. 어쨌든 사람의 눈은 호랑이처럼 정면을 향해 있고, 입체감과 원근감을 판별하는 데 뛰어나다. 이러한 눈은 우리네 조상들이 나무 위에 살았다는 것을 감안한다면 당연한 결과일 수 있다. 나뭇가지에서 나뭇가지로 건너 뛸 때 거리 가늠이 안 되었던 개체들은 중력의 법칙을 몸소 체득하며 죽어갔을 테니 말이다.

평면에서 입체를 만들어내다

입체시에 익숙하고, 입체적이어야 진짜 같다고 받아들이는 인간의 눈의 특성은 입체경의 개발에서 시작해 3D 영상의 구현으로 이어진다. 인간의 눈은 입체감을 느끼는 데 특화되어 있기 때문에, 약간의 조작만으로도 평면을 입체로 인식할 수 있다.

평면을 입체로 인식시키는 기본 원리는 하나의 대상에 대한 이미지를 특수 안경을 이용해 양쪽 눈이 서로 조금씩 다르게 인식하도록 만드는 것이다. 나머지는 입체시를 인식하는 능력이 뛰어난 뇌에 맡기면 된다. 심지어 사람의 눈은 양쪽 눈이 느끼는 색감의 차이만 있어도 여기서부터 입체감을 만들어낼 수 있을 정도다.

어릴 적 어린이용 잡지를 사면 부록으로 심심찮게 들어 있던 빨간색과 파란색 셀로판지가 들어간 종이 안경과 일부러 어긋하게 이중으로 인쇄된 그림들을 떠올려보라. 이 안경을 쓰고 그림을 보면 각각의 셀로판지들이 필터로 작용하면서 색을 걸러내어 이중으로 인쇄된 그림이 하나로 중첩되면서 입체감이 만들어진다. 이 방법은 매우 간단하게 만들 수 있고 값도 저렴하지만, 색깔 있는 필터를 이용하므로 물체의 색이 왜곡되어 '입체감은 느껴지지만 진짜 같지는 않은' 감각을 선사한다. 따라서 현재의 3D 안경은 한쪽 방향의 빛만 통과시키는 편광필터나 인간의 눈이 인식할 수 없는, 빠른 속도로 양쪽 시야를 번갈아 차단하는 셔터글라스 기법을 이용해 색의 왜곡 없이 평면 이미지를 입체적으로 느낄 수 있는 방향으로 개발되고 있다.

시야의 확장 측면에서건 입체시 획득의 측면에서건 눈이 하나일 때보다 두 개일 때 더 잘 볼 수 있는 것은 확실하다. 하나보다 둘이 더 좋다면 둘보다 셋 혹은 넷이 더 좋을 수도 있지 않을까? 그런데 자연계에 존재하는 대부분의 생물체들은 두 개의 눈을 가지는 경우가 많다. 물론 곤충은 조금 다르다.

대부분의 곤충은 여러 개의 작은 낱눈이 모인 겹눈 두 개와 세 개의 홑눈을 가진다. 하지만 홑눈은 빛의 명암만을 구별할 수 있어 세상을 '인

홑눈   겹눈

식'한다는 측면에서 진정한 시각을 가진 눈이라고 말하기는 어렵다. 그리고 곤충에게 있어서도 색채, 운동하는 물체에 대한 정보, 입체적 감각 등을 담당하는 것은 홑눈이 아니라 겹눈이다. 사실 곤충의 눈이 굳이 겹눈을 이룰 필요는 없다. 곤충의 겹눈을 이루는 낱눈은 비록 크기는 작아도 저마다 키틴질로 이루어진 볼록렌즈 모양의 각막, 유리체, 시세포로 이루어진 소망막을 가지고 있는 하나의 조그만 눈이다. 이런 조그만 눈들이 모여서 커다란 눈을 이루게 된다. 하나의 겹눈을 이루는 낱눈의 개수는 종류에 따라 달라서 주로 땅 속에서 살고 냄새로 의사소통을 하는 개미의 경우 아홉 개 정도이지만 나비는 1,500개, 꿀벌은 5,000개로 이루어지며, 곤충계의 사냥꾼인 잠자리의 경우 무려 2만8,000개의 낱눈이 모여 하나의 겹눈을 이룬다. 하지만 결국 이들이 형성하는 겹눈의 개수는 두 개다.

사실 시각적 정보가 우리에게 주는 커다란 가치로 볼 때 눈이 더 많이 존재하지 않아야 할 이유는 없어 보인다. 만약 눈이 뒤통수에 하나 더 있다면 수평 시야의 사각지대는 사라질 것이고, 머리 꼭대기에 하나 더 추가된다면 시야의 범위는 수직으로도 확장될 것이니 전후좌우상하를 한꺼번에 모두 살필 수 있을 것이다. 하지만 눈의 개수가 늘어나면 각각의 눈이 수집한 정보들을 통합하여 의미 있는 시각적 이미지를 파악하기 위해 훨씬 더 많은 정보처리 능력이 뇌에 요구될 것이다. 지금도 뇌의 상당 부분이 시각피질로 활용되는데 셋, 혹은 네 개의 시야에서 들어오는 이미지를 통합하려면 뇌가 지금보다 더 커지고 복잡해져야 할 것이다.

또한 하나의 시야만을 허용하는 뇌의 특성상 추가되는 시야를 처리하는 뇌의 영역이 필요하고 서로 다른 시야의 이미지들을 연합해 처리하는 능력도 필요하다. 뇌가 근본적으로 바뀌어야 할 뿐 아니라, 뇌 자체의 용적도 더 커지고 복잡해져야 한다. 하지만 뇌는 에너지 측면에서만 본다면 꽤 비싸고 유지가 어려운 존재다.

평균적으로 체중의 2퍼센트에 불과한 뇌가 우리 몸 전체에서 사용되는 포도당의 1/4을 먹어치울 정도니 가성비가 보통 떨어지는 것이 아니다. 게다가 망막의 에너지 소모량은 뇌의 그것을 능가할 정도다. 뇌와 연합해 자라는 눈이 겨우 두 개뿐인데도 이런데, 눈의 개수가 더 늘어나 처리해야 하는 정보가 더 늘어난다면 추가된 시야의 유리함보다는 들어가는 비용이 너무 커져서 수지타산이 맞지 않는다. 어쩌면 눈에 있어 '2'란 숫자는 다양한 현실적 요소들을 고려한 최적의 타협수가 아니었을까.

만약 눈이 지금처럼 얼굴에 붙어 있는 것이 아니라, 마음대로 위치를 바꿀 수 있다면 어디에 있는 것이 가장 효율적일까. 나는 손가락 끝이 가장 효율적이지 않을까 싶다. 손에 눈이 있다면 뒤쪽과 위아래는 물론

이고 좁은 틈새 사이로도 얼마든지 손가락을 밀어 넣어 볼 수 있으니 진정한 시야의 사각지대는 사라지게 될 것이다. 물론 손가락 끝은 쉽게 다칠 수 있으니 단단한 투명 눈꺼풀의 존재는 필수일 테지만. 그렇게 볼 때 가장 효율적인 눈을 지닌 존재는 영화 〈판의 미로〉에 등장하는 아이를 잡아먹는 괴물일지도 모른다.

아름다운 꽃과 외눈박이 괴물

1950년대 미국 서부의 목장주들은 경악했다. 임신한 암양들이 20마리에 한 마리 꼴로 눈이 하나밖에 없는 새끼 양을 낳았기 때문이다. 이 기형 새끼양 들은 목장주들을 기절초풍하게 만들었을 뿐 아니라 제대로 살아나지도 못 했다. 이런 기이한 현상은 전무후무했기에 당국에서 역학 조사에 들어갔다. 그렇게 밝혀진 비극의 원인은 '익시아corn lily'였다.

붓꽃과에 속하는 익시아는 꽃이 예뻐서 관상용으로도 인기 있는 꽃이 다. 하지만 이 익시아의 잎에는 사이클로파민cyclopamine 이라는 치명적인 물 질이 들어 있다. 사이클로파민은 어미양의 뱃속에서 무럭무럭 자라고 있는 새끼양의 유전자 일부 ─ 정확히는 두 개의 눈을 발달시키는 유전자 ─ 의 기 능을 방해하는 작용을 한다. 이를 모른 채 임신한 어미 양들은 익시아의 푸 른 잎을 뜯어먹었고, 눈이 좌우로 발달하는 특정 시기(임신 14일 전후)에 먹 은 경우 단안증cyclopia syndrome을 가진 새끼양을 낳게 된 것이다.

일반적으로 포유동물의 눈은 두 개이다. 하지만 드물게는 눈이 하나뿐 인 개체가 태어나기도 한다. 이를 단안증이라 하는데, 이미 17세기 발간된 포 르투니오 리세티의 「자연 속에서 찾은 괴물의 원인과 다양성」에서 단안증을 가진 채 태어난 아이의 그림이 등장할 정도로 예전부터 자연적으로 존재했던 선천성 기형이다. 단안증은 사람뿐 아니라 두 개의 눈을 가진 동물이라면 나 타날 수 있는 현상으로, 19세기 이전에 단안증을 가진 양, 소, 말, 고양이가 발견되어 의학 서적에 등재된 기록도 남아 있다.

단안증은 주로 유전자 이상, 주로 소닉 헤지호그sonic hedgehog 군에 속 하는 유전자들의 이상으로 나타난다. 사람을 비롯해 많은 동물들의 외부 형

붓꽃과에 속하는 익시아. 꽃이 예뻐서 관상용으로 인기가 많다.

태는 좌우대칭의 형태를 띠는 경우가 많다. 우리의 몸을 살펴보라. 눈과 귀, 팔과 다리는 좌우 한 쌍씩 존재한다. 하지만 처음부터 우리의 몸이 이렇듯 좌우대칭 형태로 시작된 것은 아니다. 수정란을 살펴보면 처음에는 전후좌우를 가를 수 없는 하나의 세포 형태로 시작된다.

소닉 헤지호그 유전자군은 처음에는 구별 없이 발생하는 신체 기관들을 좌우대칭으로 분화시키는 역할의 유전자군을 통칭하는 말이다. 따라서 이 유전자에 이상이 생기면 원래는 양쪽으로 갈라져 좌우대칭으로 자라나야 할 신체 기관들이 구분되지 않고 합쳐진 형태로 태어나게 된다. 이때 '좌우대칭 유전자'의 기능을 방해하는 원인들은 매우 다양하다.

사이클로파민처럼 외부 물질이 이들의 기능을 방해할 수도 있고, 애초에 이 유전자 자체에 변이가 생겼을 수도 있다. 어쨌든 이 유전자가 제대로 기능하지 못하면 신체는 좌우로 분리되지 못하고 통으로 자라난다. 눈 역시 처음부터 두 개가 만들어지는 것이 아니라, 중심에서 양쪽으로 갈라지는 형태로 발생하기에 이 유전자가 제 기능을 못하면 나뉘지 못해 하나만 나타나게 된다. 좌우분리의 문제이기 때문에 이때 하나만 만들어진 눈은 원래 왼쪽이나 오른쪽 눈이 있어야 할 자리에 비대칭적으로 나타나는 것이 아니라, 이마의 중심에 자리를 잡게 된다.

불행한 일이지만 단안증은 사람에게도 나타난다. 인간도 소닉 헤지호그 유전자에 의해 좌우가 나뉘니 말이다. 그래서 누군가는 그리스 신화에 등장하는 외눈박이 거인인 키클롭스는 실재했다고 주장하기도 한다. 하지만 단안증을 가진 태아는 형성 자체가 드물 뿐 아니라 이중 대부분은 유산 혹은 사산되고, 극히 드물게 태어나더라도 얼마 못 살고 사망하기 때문에* 신화 속 키클롭스처럼 성인으로 자라지는 못한다.

현재 남아 있는 단안증 표본들이 예외 없이 태아이거나 신생아 상태에 사망한 것은 이런 이유 때문이다. 단안증을 가진 아이의 생존력이 떨어지는 것은 눈이 하나밖에 없는 경우, 앞을 볼 수 없을 뿐 아니라 뇌 자체가 제대로 형성되지 못하기 때문이다. 눈의 이상이 뇌의 이상으로 이어진다고? 사실 눈으로 인해 뇌가 이상해지는 것이 아니라 뇌의 이상이 겉으로 보이는 눈의 이상으로 나타난다고 말하는 편이 정확할 것이다. 우리의 뇌는 좌뇌와 우뇌 두 개의 반구로 나뉘어져 있는데, 처음부터 좌뇌와 우뇌가 따로 자라는 것이 아니라 초기에는 하나였던 신경관이 양쪽으로 나뉘면서 형성된다. 이 때 여러 가지 이유로 뇌가 완벽하게 분리되지 않는 현상을 '완전 전뇌증holoprosencephaly'이라고 한다.

단안증은 완전 전뇌증의 극단적인 표현형으로, 단안증을 가진 개체의

---

* 자연계에서 단안증이 나타나는 비율은 1만6,000건의 출산 당 1회로 알려져 있는데, 유산된 태아로 범위를 넓히면 250건 중 1의 비율로 껑충 뛰어오른다.

뇌는 좌우 반구를 구분할 수 없을 정도로 합쳐져 있는 것이 보통이다. 이 정도로 뇌 기형이 심각하다면 출생 시 생존 자체가 어렵고 요행히 살아서 태어나더라도 이후 신체를 관장하는 기능이 떨어져 생존하기가 어렵다. 이처럼 내부적인 뇌의 이상이 표면적인 눈의 이상으로 나타나는 것은 뇌와 눈이 그만큼 밀접한 연관성을 가지고 발생하기 때문이다.

시력이란 무엇인가?

아이가 있는 집이면 자주 벌어지는 일 중 하나가 TV를 둘러싼 갈등이다. 더 보고 싶어 하는 아이와 이를 말리는, 혹은 말려야만 할 것 같은 부모 사이의 힘겨루기. 나는 TV를 보는 것을 그다지 경원시한 편은 아니었다. 하지만 5분짜리 뽀로로 애니메이션으로 시작된 TV 프로그램의 길이는 아이의 성장과 함께 점점 길어져 이제 갖가지 방법으로 미션을 해결하고 서로의 이름표를 떼어서 승부를 가리는 90분짜리 주말 예능 프로그램까지 확장되었다. 다른 것으로 구슬러도 보고 엄포도 놓아보고, 심지어 프로그램이 시작될 시간에 일부러 외출을 해서 TV로부터 떨어뜨려도 보았지만, IPTV에서 원하는 VOD를 찾는 법을 이미 터득한 아이에게는 별다른 효과가 없었다. 그와 비례해서 이런 말을 하는 횟수도 점차 늘어나고 있다. "이제 TV는 그만! 눈 나빠진다고!"

아이가 TV 앞에 앉아 프로그램에 집중하는 것을 볼 때면 부모의 마음은 영 불편하다. 마치 마법에라도 홀린 것처럼 넋을 놓고 화면에 집중하는 모양새도 그렇지만, 요란하게 번쩍거리는 TV 화면에서 나오는 빛줄기들이 자라나는 아이의 눈을 물어뜯는 듯한 느낌이 들기 때문이다. 요즘 들어 아이의 반 친구들 중에 안경을 쓰기 시작하는 아이가 늘었다는 사실에 생각이 미칠 즈음이면 손은 어느새 리모콘의 꺼짐 버튼을 누르고 있다. 그런데 도대체 시력이란 게 정확히 무엇일까?

시력視力, visual activity의 사전적 의미는 '대상 물체에 대해 변별이 가능한 시야 각도'라고 정의되어 있다. 눈의 인식력은 크게 분리력 Separability(서로 떨어진 두 점을 구별할 수 있는 해상력), 가시력Visibility(인식 가능한 물체 혹은 점의 최소 크기)뿐 아니라 가독력Legibility(가장 작은 그림 과 문자의 판독력), 판별력Discriminability(시야 내 여러 물체의 상호 관계에 대한 인식력) 등을 포함한다. 다시 말해, 시력이 좋다는 것은 단지 얼마나 작은 것을 볼 수 있느냐 뿐만 아니라 얼마나 정확하게 인식할 수 있느냐, 얼마나 정확하게 구별할 수 있느냐까지 포함한 개념이다.

현대적 의미의 시력 검사법이 결정된 것은 1909년 이탈리아의 나폴리에서 개최된 국제안과학회에서 란돌트 고리를 이용한 검사법이 국제 기준으로 결정된 이후다. 우리가 시력 검사표에서 익숙하게 본 C 자형의 고리가 바로 란돌트 고리다. 란돌트 고리를 이용한 시력검사에서는 5미터 거리에서 7.5밀리미터 크기의 원형 고리의 벌려진 틈(1.5밀리미터)을 구별할 수 있다면 시력 1.0으로 환산한다. 이 정도 크기라면 각도로 따지자면 약 1′(1분)을 구분할 수 있는 분리력이라 한다. 원의 중심각은 360도이며, 1도를 1/60한 것이 1′(1분)이며, 다시 1′를 1/60한 것이 1″(1초)다. 복잡하다면 이렇게 생각하면 된다. 5미터 떨어진 거리에서 1.5밀리미터짜리 점을 볼 수 있다면 시력이 1.0이라고. 생각보다 1.0의 기준이 꽤 높다는 생각이 든다.

이렇게 시력을 측정하는 방법은 구별 가능한 최소 각도의 역으로 나타낸다. 다시 말해 5미터 거리에서 1′의 차이를 구분할 수 있는 시력을 1.0으로 잡고, 같은 5미터 거리에서 구분할 수 있는 최소 단위가 이의 2배인 2′라면 시력은 0.5가 되는 것이며, 10′의 차이는 나야 구별할 수 있

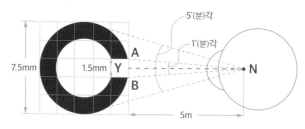

5'(분)각

1'(분)각

7.5mm 1.5mm Y

A

B

N

5m

란돌트 고리를 이용한 검사.

다면 시력은 0.1이 되는 것이다.

반대도 마찬가지다. 1′의 절반인 0.5′의 각도차를 구분할 수 있다면 시력은 1.0의 2배인 2.0이 되고, 만약 0.1′의 차이를 구분할 수 있으면 시력은 10.0이 되는 식이다. 일반적으로 시력 검사표에서는 2.0까지만 나와 있기 때문에 시력이 가장 좋아도 2.0은 넘지 않는다고 생각할 수 있지만, 실제로는 이보다 더 눈이 좋은 사람도 있다. 다만, 일상생활에서는 1.0이면 아무 지장이 없기 때문에 이보다 2배 이상 시력이 좋아봤자 크게 의미가 없을 거라고 생각해서 측정하지 않을 뿐이다.

실제로 16세기 덴마크 천문학자 티코 브라헤Tycho Brahe, 1546~1601 의 경우, 뛰어난 시력 덕분에 맨눈으로 매우 정교한 천문관측을 한 것으로 유명하다. 그가 남긴 천문도를 조사한 학자들은 티코 브라헤는 무려 5″의 미세한 차이도 식별이 가능했을 것으로 결론을 내렸다. 5″는 1′의 1/8이니, 이를 환산하면 티코 브라헤의 시력은 무려 8.0이라는 의미이다. 티코 브라헤는 그야말로 천문학자가 되는 데 최적의 신체 조건을 가지고 태어난 셈이다. 수학에 천부적인 재능을 지닌 그의 제자 요하네스 케플러Johannes Kepler, 1571~1630 가 어린 시절 앓았던 천연두의 후유증으로 시력 손상을 입어 별들의 움직임을 읽어내기가 어려웠던 것에 비한다면 말이다. 티코 브라헤가 어이없는 죽음을 맞이한 뒤*, 그가 남긴 정밀한 천문도를 분석해서 행성의 궤도가 원형이 아닌 타원형이라는 것을 밝혀 낸 것은 결국 케플러였지만.

어쨌든 현재 우리가 신체검사에서 실시하는 시력 검사의 기본은 란돌트 고리의 변형된 버전이다. 나안 시력이 0.6이니 교정시력이 1.0이니 하는 것은 여기에서 온 말이다. 란돌트 고리 시력 검사표에서는 음수(−) 개념이 없다. 아무것도 구별할 수 없는 실명 상태가 0이니 말이다. 흔히 말하는 '시력이 마이너스'라는 개념은 대부분 시력 교정용 안경의 디옵터를 의미하는 말이다. 이를 이해하기 위해서는 먼저 근시, 원시, 난시 등의 굴절 이상에 대해서 알아둘 필요가 있다.

빛의 미세한 꺾임이 가져오는 커다란 차이

빛은 원래의 상태 그대로 눈 안으로 들어오는 것이 아니라, 각막과 수정체를 거치면서 굴절되어 망막 위의 한 점으로 모이게 된다. 빛이 주로 모여 초점을 맺히게 하는 망막 부위는 약간 패여 있어 이를 망막 중심 오목이라고 한다. 빛을 인지할 수 있는 시세포들은 망막에만 존재하기 때문에, 초점이 정확히 망막의 중심 오목 위에 맺혀지지 않으면 시야는 흐려질 수밖에 없다. 프로젝터를 이용해 화면을 보여줄 때, 스크린과의 거리과 맞지 않아 초점이 정확히 스크린 위에 위치하지 않으면 화면이 흐릿하게 뭉개지는 것과 같은 이유다. 그래서 초점이 망막에 정확히 맺히는 것을 정시라고 하고, 빛이 너무 급격하게 꺾여서 초점이 망막보다

---

* 귀족의 만찬연에 참석한 티코 브라헤는 예의를 차리기 위해 화장실을 가지 않았고, 결국 소변을 너무 참아 발생한 방광 파열로 목숨을 잃은 것으로 알려져 있다. 그의 나이 55세 때의 일이었다.

앞에서 맺히는 것을 가까울 근近자를 써서 근시近視, 반대로 빛이 덜 꺾여서 초점이 망막보다 뒤에 맺히는 것을 원시遠視, 빛이 통과하는 안구의 표면이 구형이 아니라 타원형이거나 비스듬해서 빛이 고르게 꺾이지 못해 초점이 두 곳 이상 생기거나 망막 오목이 아닌 다른 위치에 상이 맺히면 난시亂視라고 말한다. 이렇게 눈에서 빛이 제대로 꺾이지 못해 시야가 흐려지는 현상을 통틀어 굴절이상이라고 한다.

안경의 원리는 적절한 굴곡과 두께의 렌즈를 이용해 초점이 망막에 정확히 맺힐 수 있도록 잘못 맺힌 초점의 위치를 이동시켜주는 것이다. 일반적으로 근시의 경우 빛이 지나치게 많이 꺾이는 것이 문제이므로 상대적으로 빛을 바깥쪽으로 굴절시키는 능력을 가진 오목렌즈를 이용해 초점을 뒤로 밀고, 반대인 원시의 경우 빛을 안쪽으로 굴절시키는 볼록렌즈를 이용해 초점을 앞으로 잡아당겨 교정한다. 난시의 경우에는 조금 복잡한데, 눈을 동그란 구형 렌즈로 판단해서 곡면의 굴곡이 기울어진 곳의 위치를 파악에 적절한 곡률의 렌즈를 이용해 초점을 망막 오목 위에 정확히 맺을 수 있도록 하는 방법을 사용한다.

안경을 만드는 렌즈는 평평하지 않고 안쪽이든 바깥쪽이든 곡면을 이룬다. 이때 등장하는 단위가 '디옵터Diopter'다. 디옵터란 렌즈가 빛을 얼마나 큰 각도로 굴절시키는지를 의미하는 굴절력의 단위이다. 디옵터의 숫자가 클수록 빛은 안쪽으로 더 크게 굴절되어 초점 거리가 앞으로 당겨진다. 기본적으로 빛이 그대로 투과하는 평평한 유리판의 디옵터는 0이다. 반면 빛이 안쪽으로 꺾이는 볼록렌즈는 디옵터 값이 (+)로 나오게 마련이고, 빛을 바깥쪽으로 굴절시키는 오목렌즈는 디옵터 값이 (−)다. 그

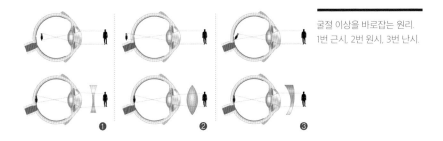

❶ ❷ ❸

러니 근시로 안경을 쓰는 사람이라면 누구나 (−)디옵터의 굴절률을 가진 안경을 쓰는 셈이니 디옵터 값으로만 보면 근시인 사람은 누구나 시력이 '마이너스'인 셈이다. (−)값을 가진다고 해서 모두 시력이 극도로 나쁜 것도 아니며, (+)값을 가진다고 눈이 좋은 건 아니다.

일반적으로 정시인 시력을 가진 사람을 디옵터 0으로 보기에, 정확히 말하자면 0에서 (+)쪽이든 (−)쪽이든 멀어질수록 시력이 좋지 않다고 볼 수 있다. 즉 시력이 마이너스라서 나쁜 게 아니라, 마이너스 값이 클수록 눈이 나쁘다는 뜻이 된다. 반대로 (+)값이 커도 원시가 심하다는 뜻이니 역시 눈이 나쁜 것이 된다. 일반적으로 안과에서는 근시의 경우 렌즈의 디옵터값이 −3.00 이하면 경도 근시, −3.00〜−6.00 사이면 중도 근시, −6.00〜−9.00이면 고도 근시, −9.00 이상은 초고도 근시로 판단한다. 원시 역시도 −만 빼면 될 뿐 교정을 위한 렌즈의 곡률이 커지는 만큼 원시가 심한 것으로 본다. 난시의 경우에는 곡면이 기울어진 곳이 몇 군데인지, 축이 기울어진 각도가 얼마나 급격한지에 따라 좋고 나쁨이 결정된다.

Ⅰ. 눈으로 보다

늙어가는 눈과 약한 눈

고등학교 때였던가. 어느 날부터 아빠는 눈이 침침하다며 신문을 더 멀찍이 떨어뜨려 보시기 시작했다. 당시에는 그게 이해되지 않았다. 가까운 것이 안 보이는데 왜 일부러 더 멀리 떨어뜨리는 거지? 가까운 것이 먼 것보다 더 잘 보이는 게 당연한 거 아냐? 라며 고개를 갸웃거리곤 했다. 그런 내게 아빠는 너도 나이 들면 이 기분이 이해될 것이라고 하셨다. 어른들 말씀은 틀린 것이 없다더니, 내가 당시의 아빠 나이에 가까워지기 시작하자 그 말이 비로소 이해되기 시작했다. 어느 날, 아침 식탁에서 신문을 읽다가 나도 모르게 고개를 뒤로 빼는 나를 발견했기 때문이다. 아, 나도 드디어 노안이 오는 건가.

나이가 들면 누구나 눈이 침침해지고 시력이 저하되는 것을 느낀다. 노안老眼이라는 단어 자체가 노화된 눈이라는 뜻이다. 노안이 나타나는 원인을 처음으로 제시한 이는 19세기 중반, 독일의 생리학자이자 물리학자였던 헤르만 폰 헬름홀츠Hermann Ludwig Ferdinand von Helmholtz, 1821~1894였다. 그는 노안을 나이에 따른 노화의 결과로 수정체가 탄력성을 잃고, 수정체를 잡아당기는 근육 모양체도 탄성을 잃어서 거리에 따라 수정체의 두께 조절이 잘 되지 않아 나타나는 결과로 해석했고 이는 오랫동안 정설로 받아들여졌다.

하지만 20세기 후반 미국의 안과 의사 로날드 샤카Ronald Schachar, 1942~는 나이가 들면서 수정체가 점점 커지는 것이 근본적인 문제라고 주장하면서 '수정체 탄성 저하론'에 반기를 들었다. 샤카 박사는 시간이 지나면 손톱과 발톱이 자라나는 것처럼 수정체도 매우 느리긴 하지만(평균 1년에 0.02밀리미터의 비율) 점점 자라는데, 이렇게 점점 커지는 수정체가 모양체 근육을 밀어붙여 이들이 움직일 공간을 침범해 들어가기 때문에 노안이 나타난다고 주장했다.

수정체가 탄성을 잃어 딱딱해지든 점점 커지든 어쨌든 이는 나이에 비례해 일어난다. 따라서 일반적으로 마흔 살이 되면 열 살 때에 비해 수정체의 굴절률이 1/3로 떨어지고, 마흔다섯 살이 되면 1/4로 떨어진다. 굴절률이 떨어진다는 것은 상대적으로 빛이 덜 꺾이게 된다는 것인데, 이는 원시의 증상과 비슷하다.

노안 교정 안경이 볼록렌즈로 만들어진 돋보기 안경인 이유가 여기 있다. 따라서 노안은 원시와 종종 혼동되곤 하는데, 원시는 나이에 상관없이 나타나지만 노안은 나이와 분명히 상관이 있다는 차이가 있다. 다만 증상이 원시와 비슷하기에 원래부터 원시가 있거나 정시였던 사람은 노안으로 인한 굴절 이상이 더 크고 급격하게 느껴질 수 있지만, 근시가 있던 사람의 경우에는 상대적으로 노안으로 인한 불편함이 덜하며 오히려 굴절률이 작아지면서 이전보다 눈이 더 좋아졌다고 느끼는 경우도 있다. 흔한 속설로 젊을 적에 눈이 좋은 사람은 노안이 빨리 오고, 눈이 나빴던 사람은 노안이 늦게 온다고 하는 이유가 이 때문이다.

노안이 오면 굴절률이 작아지고 이때쯤이면 노화의 또 다른 결과로 백내장 같은 다른 증상들이 생겨날 수 있어 눈이 침침해지면 시력이 약해졌다고 느끼게 된다. 하지만 약한 시력이라는 뜻의 약시弱視는 노안과는 다른 개념이다. 약시란 한쪽 또는 양쪽 눈의 시력이 낮게 나타나는 증상을 아우르는 단어로, 일반적으로 전체 인구의 1~5퍼센트에서 약시가 나타난다는 보고가 있다. 약시는 주로 어린 시절에 나타나는데 교정하지 않고 그대로 방치하면 장기적으로 시력에 영향을 미칠 수 있다. 선천성 백내장, 사시로 인한 시각 불일치, 부동시 등이 약시를 일으키는 주요 원인으로 꼽힌다.

선천적으로 백내장을 가지고 태어난 아이들은 아예 눈에 장벽을 가지고 태어난 셈이므로 시력 발달에 문제가 생기는 것은 당연해 보인다. 하지만 어린아이에게서 약시의 주요 원인으로 꼽히는 것은 주로 사시와 부동시로 알려져 있다. 사시는 두 눈의 시선 방향이 일치하지 않는 현상인데, 사람의 뇌는 이중 이미지를 싫어하기 때문에 사시를 가지는 경우 한쪽 눈으로만 세상을 보게 된다. 이때 특정한 쪽의 눈만을 이용해서 세상을 보는 데 익숙해지면 다른 한쪽 눈은 사용하지 않게 되고 그 결과 다른 눈의 시력은 제대로 발달할 기회를 갖지 못할 수 있다. 비슷한 이유로 양쪽 눈의 시력이 차이가 나는 부동시의 경우에도 잘 보이는 눈으로만 주로 보는 버릇이 생겨 그렇잖아도 잘 안 보이는 눈은 더욱 더 발달할 기회를 놓쳐 나빠질 수 있다.

신생아는 심한 원시 상태로 태어나며, 만 3세쯤 되어야 정상 시력이 형성되고, 어른과 같은 시각반사 기능을 갖추려면 만 8세는 되어야 한다. 즉, 시력은 처음부터 타고나는 것이 아니라 서서히 형성되어가는 것에 가깝다. 그런데 이 과정에서 문제가 생긴다면 시력을 제대로 형성하지 못하게 된다.

우리 몸은 냉정하고 정직해서 적당히 자극을 주면 자극을 받은 만큼 노련하고 기민해지지만, 자극을 주지 않고 내버려두면 스스로를 쓸모

없는 존재라 생각하고 위축되거나 퇴화되는 경우가 종종 있는데 눈이 대표적인 경우다. 그래서 이런 아이들의 경우에는 일부러 시력이 좋은 쪽의 눈을 가리고 나쁜 쪽 눈으로만 보는 연습을 시키는 '한눈 가리기' 훈련을 하곤 한다.

TV를 많이 보면 과연 눈이 나빠질까

다시 원래의 의문으로 돌아와 보자. 정말 TV를 많이 보면 눈이 나빠질까. 이에 대해서 여러 가지 연구결과들이 있지만 TV 시청 시간에 비례해 시력이 떨어진다는 확실한 증거는 아직까지 보고된 바 없다. 엄마들이 걱정하는 것과 달리 어두운 곳에서 책을 읽는 것 역시 시력과 상관관계는 작았다. 심지어 미국 안과학회에서는 '어두운 곳에서만 사진을 찍는다고 카메라가 고장나지는 않는다'라는 말로 빛의 밝기가 시력에 미치는 영향은 크지 않다고 주장하고 있다.

하지만 TV가 시력에 영향을 미칠 수 있다는 보고도 있다. 이때 시력에 영향을 미치는 건 시청 시간보다는 TV와의 거리다. 즉 TV와의 거리가 가까울수록 시력에 악영향을 미칠 가능성이 높다는 것이다. 실제로 TV를 가까이에서 보는 버릇이 있는 아이들일수록 시력이 낮게 측정되었다는 논문이 발표된 적이 있다(그런데 의문이 좀 든다. TV를 가까이 봐서 눈이 나빠진 건가, 애초에 눈이 나쁘기 때문에 TV 앞에 자꾸만 다가가는 것인가).

우리의 눈은 가까운 곳과 먼 곳을 번갈아 보도록 만들어져 있는데, 가까운 곳에 있는 TV 화면만 자꾸 쳐다보게 되면 쉽게 눈이 피로해지고,

뭔가에 집중하는 동안에는 눈꺼풀을 깜빡이는 횟수가 줄어들어 안구 건조증이 발생할 확률도 높아진다. 어쨌든 전문가들은 TV를 볼 때 적어도 TV 대각선 길이의 5배 이상 거리를 두고 떨어져서 볼 것을 권하고 있다.

예를 들면 40인치 TV라면 40×5=200인치, 즉 약 2.5미터 이상은 떨어져서 보는 것이 좋다고 한다. 대부분 TV는 거실에 있는데 TV에 바짝 붙어 있으면 즉시 부모의 불호령이 떨어지기 때문에 문제가 덜하다. 사실 더 큰 문제는 TV보다는 컴퓨터 모니터, 그리고 스마트폰이다. 이들은 상대적으로 TV보다 훨씬 더 가까운 거리에서 사용하는 전자제품이기 때문이다. 그런데 어떡하나, TV는 끊을 수 있어도 스마트폰을 끊기는 어려운 걸. 아이에게 눈이 나빠진다고 잔소리를 하기 전에 나부터 스마트폰을 들여다보는 것을 자제해야 하지 않을까.

보는 것은 눈이 아니라 뇌다

여기 세상 모든 것을 가진 듯한 사람이 있다. 가족들의 사랑과 친구들의 우정 속에서 자라 적성에 맞는 일을 하며 적절한 보상과 사회적 지위를 누리는 사람 말이다. 물론 이런 사람에게 다정한 연인이나 배우자가 없을 리 없다. 그런데 그(혹은 그녀)의 완벽한 삶에 균열이 가해진다. 사랑하는 이의 배신 소식이 전해진 것이다. 엄청난 충격을 받아 잠시 비틀거리던 그(혹은 그녀)는 이내 마음을 다잡고 이렇게 외친다. "아냐, 그럴 리가 없어. 내 눈으로 보기 전까지는 믿을 수 없어!"

— 흔한 치정 드라마의 한 장면

사람은 오감五感을 통해 세상을 인식하지만, 이 다섯 가지 감각이 우리의 인식에 기여하는 정도는 공평하지 않다. 사람의 감각 중 가장 많은 역할을 하는 것은 시각으로, 사람이 습득하는 정보의 80퍼센트는 오로지 시각에 의존한 정보들이다. 대부분의 정보를 시각을 통해 받아들인다는 심각한 시각 의존성은 자연스럽게 시각에 대한 높은 신뢰도로 이어진다. 그래서 치정 드라마의 주인공들은 '눈에 불을 켜고' 불륜의 증거들을 찾으며 의심이 드는 행동들은 '눈을 씻고' 다시 본다. 그리고 남들이 아무리 떠들어도 '내 두 눈으로 똑똑히 확인'하기 전까지는 '눈을 질끈 감고' 믿지 않는다. 하지만 수많은 청각 정보(타인의 말)에 흔들리는 와중에도 여전히 남아 있던 한 조각의 믿음은 실제 불륜 광경을 목격하는 순간, 일시에 사라진다. 이제 남은 것은 '눈이 돌아갈' 정도로 분노해서 '내 눈에 눈물 나게 하면 네 눈에는 피눈물이 나게 만든다'는 마음으로 복수의 칼날을 가는 것 뿐. 이 과정을 보다 보면 문득 이런 생각이 든다. 역시나 '백 번 듣는 것은 한 번 보는 것만 못하구나'라고 말이다. 그런데 과연 눈으로 보는 정보들은 다 믿을 수 있는 것일까? 우리 눈에 보이는 것은 정말 '눈에 보이는 대로'만 존재하는 것일까?

시각의 인지 경로

우리는 어떤 경로를 통해 세상을 보는 것일까? 우리는 눈으로 세상을 본다. 우리의 신체는 눈만이 유일하게 빛, 그것도 가시광선을 인식하고 받아들일 수 있게 진화해왔다. 그래서 눈이 손상되거나 혹은 기타 다른 이유로 기능을 잃게 되면 우리는 그 즉시 빛을 잃고 어둠에 갇히게 된다. 하지만 눈 자체가 세상을 인식할 수 있는 것은 아니다. 눈의 동공을 통해 안구 안쪽으로 파고든 빛은 망막의 시각 세포들에 의해 전기적 신호로 변환되어 시신경을 통해 눈의 반대편, 즉 뒤통수 쪽에 위치한 뇌의 시각피질로 들어가야만 우리가 비로소 세상을 '본다'(고 느낀다).

여기서 흥미로운 구조는 눈에서 시각피질로 정보가 전달되는 통로, 즉 시신경의 분포 형태다. 눈은 두 개이므로 여기서 나오는 시신경의 다발도 당연히 둘이다. 그런데 이 두 개의 시신경다발은 눈에서 나온 그대로 뇌로 들어가는 것이 아니라, 중간에 하나로 합쳐진다. 하지만 합쳐졌다고 해서 그대로 뇌로 가는 것이 아니다. 합쳐졌던 신경다발은 다시 갈라진다. 즉, 시신경은 하나로 합쳐지는 교차지점을 지나면 다시 두 개의 신경다발로 분리되어 각각 시각피질의 좌우로 따로 들어간다. 즉 눈에서 시각피질로 가는 길은 11자가 아니라, X자 형태를 보이는 것이다. 그런데 어차피 다시 분리될 거라면 애초에 왜 합쳐지는 것일까?

물론 눈이 있다고 해서 모두 시신경 교차가 일어나는 것은 아니다. 시각신경의 X자 트위스트는 개구리를 비롯해 파충류와 조류, 포유류와 사람 등 척추동물들의 뇌에서만 나타나는 현상이다. 하지만 개구리와 사람의 시신경 교차는 다른 의미를 갖는다. 개구리의 경우 시신경은 '단지 스칠 뿐'이다. 왼쪽 눈에서 들어온 정보는 몽땅 오른쪽 시각피질로, 오른쪽 눈에서 들어온 정보는 몽땅 왼쪽 시각피질로 들어갈 뿐이기에 시신경의 교차가 그다지 큰 의미를 가지지 않는다. 다만 눈과 시각피질을 잇는 시신경의 길이가 더 길어질 뿐이다. 이는 매우 비효율적인 구조로 보인다. 직선으로 가면 더 빠른 길을 왜 굳이 돌아가는 것일까?

여기서 생물의 신비가 모습을 드러낸다. 개구리에게서는 쓸모없는 시신경의 교차가 사람의 뇌에서는 의미를 지니기 때문이다. 사람의 눈은 그림에서 보듯 각각의 눈에 존재하는 망막의 절반, 즉 두 눈의 망막 왼쪽 편에서 들어온 시신경은 시신경 교차 부위를 지나면서 모두 시각피질의 왼편으로 들어가고, 눈의 오른편 망막에서 들어온 시신경은 오른편으로 들어간다. 사람의 경우 시신경 교차 부위에서 절반의 시신경들이 자리바꿈을 하는 것이다. 이런 시신경의 스쳐지나감과 자리바꿈은 개구리와 사람에게 서로 다른 시각의 차이로 나타난다.

개구리는 두 눈에서 들어온 정보를 따로따로 받아들이기에 입체시가 거의 나타나지 않는 반면, 사람은 시신경이 자리바꿈을 하면서 통합되기에 이미지를 입체적으로 볼 수 있는 양안시가 나타나게 된다. 애초부터 시신경이 효율적인 전달만을 위해 일직선으로 발생되었다면 우리는 세상을 입체적으로 바라보는 게 불가능했을 것이다. 언제였는지 정확히 알 수는 없지만 먼 옛날, 시신경이 따로 떨어진 평행선이 아니라 약간 돌아가는 길을 선택하며 꼬였던 덕에 우리는 세상을 더욱 깊이 있게 보는 것이 가능해진 것이다.

보인다고 다 보이는 것이 아니다

경기가 한창이던 농구장. 휘슬이 울리기 직전, 버저 비터를 향한 기대감이 한껏 달아오른 코트 위에서 놀라운 일이 벌어진다. 선수들의 움직임을 매의 눈으로 감시하던 심판이 갑자기 코트 위에 피를 뿌리며 쓰러진 것이다. 선수들과 관중들이 뜻밖의 사건에 우왕좌왕하던 사이, 심판은 숨을 거두고 만다. 그의 목덜미는 예리한 칼로 베어져 있었고 흉기도 발견되지 않았기에 정황상 그는 분명히 누군가에게 살해당한 것이 틀림없었다. 그것도 바로 이 코트 위에서, 방금 전에. 그런데 놀라운 사실은 누가 그를 죽였는지 본 사람이 아무도 없다는 것이었다. 선수와 관중을 비롯해 농구장 안에는 200여 명이 지닌 400여 개의 눈동자가 존재했지만, 눈앞에서 사람이 죽어나가도 아무도 살인자를 본 사람이 없었다. 어떻게?

다행히도 이 영화 같은 장면은 현실이 아니라 미국 드라마 〈퍼셉션〉에 등장하는 에피소드이다. 하지만 이 에피소드의 기원은 현실이다. 1999년 드라마와 동명의 잡지인(드라마가 더 뒤에 나왔다) 《퍼셉션

Perception 》에 「우리 가운데 있는 고릴라」라는 제목으로 실린 논문이 그 기원이다. 이 이야기는 동명의 제목『보이지 않는 고릴라』(크리스토퍼 차브리스&대니얼 사이먼스, 김영사, 2011)라는 책으로도 나왔다.

1990년대 말, 당시 하버드대 심리학과 소속의 대니얼 사이먼스와 크리스토퍼 차브리스는 사람들을 대상으로 흥미로운 실험을 했다. 그들은 먼저 흰 셔츠와 검은 셔츠를 입은 학생들 여러 명을 두 팀으로 나누어 같은 편끼리만 이리저리 농구공을 패스하는 장면을 동영상으로 찍은 뒤, 이를 사람들에게 보여주고 이렇게 주문했다. '검은 셔츠를 입은 팀은 무시하고 흰 셔츠를 입은 팀의 패스 횟수만 세어주세요'라고. 영상은 1분 남짓에 불과했으므로 대부분의 사람들은 어렵지 않게 흰 셔츠 팀의 패스 횟수를 맞추는 데 성공했다. 그리고 그들 중 절반은 왜 이런 간단한 실험을 하는지 목적을 파악하지 못해 고개를 갸웃거렸다. 이유는 이랬다.

실험 참가자들이 패스 횟수를 세달라는 부탁을 받고 감상한 동영상 중간에 고릴라 의상을 입은 한 여학생이 걸어나와 가슴을 치고 퇴장하는 장면이 무려 9초에 걸쳐 등장한다. 그런데 문제는 이 동영상을 본 사람 중 절반은 자신이 고릴라를 보았다는 사실을 전혀 인지하지 못했다는 것이다. 물론 나머지 절반은 고릴라를 알아보고는 황당하다는 반응을 보였다. 심지어 고릴라를 인지하지 못한 이들 중에는 고릴라 등장 사실을 알려주고 영상을 다시 한 번 보여주자, 분명 이전 동영상에는 고릴라가 등장하지 않았다며 피험자들이 자신을 놀리려고 다른 동영상을 보여준다고 의심할 정도였다. 도대체 왜 이들은 그토록 눈에 띄는 고릴라를 인식하지 못했던 것일까?

이 결과를 두고 사이먼스와 차브리스는 '무주의 맹시inattentional blindness'라는 개념을 제시했다. 시각 기능이 손상되면 당연히 볼 수 없다. 하지만 우리는 뻔히 눈을 뜨고 못 보기도 한다. 무주의 맹시란, 이처럼 시각적 손상이 없음에도 불구하고 눈앞의 장면이나 사실을 인지하지 못하는 경우를 말한다.

두 눈을 멀쩡히 뜨고 있는데 보지 못한다고? 정말로 황당한 소리가 아닐 수 없다. 하지만 우리는 늘 이런 경험을 한다. 실연한 뒤에는 유난히 행복한 커플의 모습이 눈에 자주 띄어 속을 뒤집어 놓고, 오랜만에 만난 아버지가 늙으셨다는 사실을 깨닫고 마음이 짠했던 날에는 유독 나이든 어른들이 눈에 들어온다. 내 마음이 요동칠 때 어찌나 타이밍도 잘 맞춰 나타나는지. 당연하게도 세상이 내 맘에 맞게 움직여 줄 리는 없다. 고릴라는 어디에나, 언제나 존재한다. 다만 내가 이를 인지하지 못했을 뿐이다. 즉, 그들은 새로 나타나는 것이 아니라 평소에 늘 존재했다. 하지만 주의 깊게 보지 않아서 늘 지나쳤던 것뿐이고 오늘에서야 비로소 뇌가 인지했다는 것이 진실에 가깝다.

눈에서 뻗어 나와 한 번 교차되면서 자리바꿈을 한 시신경은 시각 피질로 들어간다. 이곳은 단일한 부위가 아니라 현재 밝혀진 것만 약 30개의 영역으로 구성된 복합적인 영역이다. 시각 정보를 가장 먼저 받아들이고 물체의 기본적인 이미지인 선과 경계, 모서리를 구분하는 역할을 하는 V1, V2 영역을 비롯해 형태를 구성하는 V3, 색을 담당하는 V4, 운동을 감지하는 V5, 이 밖에도 다른 영역들이 조합되어 종합적으로 사물을 인지한다.

이들은 각각 따로따로 의미 있는 존재가 아니라, 여러 개의 악기가 모여 각자가 정확한 타이밍에 정확한 음을 연주해야 비로소 제대로 된 음악을 전해줄 수 있는 오케스트라처럼 모든 영역들이 각자의 역할에 맞게 일시에 조율되어 세상을 바라본다. 아무리 같은 피아니스트가 같은 곡을 동일하게 연주해도 피아노 건반이 몇 개 사라지거나 음이 제대로 조율되지 않으면 결과물이 달라지는 것처럼, 우리의 눈이 같은 것을 보더라도 시각 영역의 각 부분들이 제대로 조율되지 않으면 세계를 있는 그대로 볼 수 없다.

예를 들어 시각 영역의 V4 부위가 제 기능을 하지 못하면 색을 구별하는 데 문제가 없었던 사람도 세상을 흑백으로 볼 수밖에 없게 된다. 뇌졸중이 V4 영역에 발생해 이 부위의 신경이 손상되었다면, 이 사람은 후천성 색각이상 증상이 나타난다는 것이다. 마찬가지로 연속적인 움직임을 보는 V5 부위가 손상되면 질주하는 자동차를 보아도 느리게 움직이는 클레이애니메이션처럼 뚝뚝 끊겨지는 정지화면으로만 보이게 된다.

하지만 상당히 많은 뇌의 영역들이 오로지 시각이라는 감각 하나에 할당되어 있음에도 세상은 워낙 변화무쌍한지라 뇌는 눈에서 오는 모든 정보들을 빠짐없이 처리하기 어렵다. 그래서 뇌가 선택한 전략은 선택과 집중, 적당한 무시와 엄청난 융통성이다. 우리는 하나에 집중하면 다른 것은 눈에 뻔히 보여도 인식하지 못하고 지나칠 수 있으며, 쥐꼬리만 봐도 벽 뒤에 숨은 쥐의 전체 모습을 그릴 수 있고, 빨간색과 파란색이 주는 색의 스펙트럼에서 그 색이 주는 이미지와 의미도 읽어낼 수 있다. 우리의 눈은 때론 부분에서 전체를 볼 수 있을 만큼 뛰어나기도 하지만, 종종 눈 앞에 뻔히 있음에도 집중하지 않으면 못 볼 만큼 멍청하기도 하다는 뜻이다.

감각기관으로 들어오는 정보들을 고스란히 받아들이는 것이 아니라 제 입맛에 맞는 것만 골라서 편식하는 것은 뇌의 보편적인 특성으로, 다른 감각도 마찬가지다. 그러니까 엄마의 잔소리를 코앞에서 흘려듣는 십대 아이의 귀에 달린 엄청난 필터링 능력은 '일부러' 그러는 것이 아니라 무의식적으로 일어나는 자연스러운 결과일 수 있다는 것이다. 그러니 눈앞에서 딴전을 피우는 애들의 귀에, 아니 뇌에 소리를 흘려 넣고 싶다면 일단은 그들의 귀에 달콤한 말로 먼저 시작하는 것이 그나마 효과적이다. 눈앞에 뻔히 보이는 고릴라를 보지 못했던 사람은 '눈이 삐거나' 얼빠진 사람이 아니라, 하기 싫은 숙제를 슬쩍 미뤄버리는 아이처럼 중요하지 않은 시각적 정보는 은근슬쩍 뭉개버리는 지극히 자연스러운 뇌의 활동 결과이다.

저명한 안과 의사이자 과학 작가였던 올리버 색스의 경험담에 따르면, 우리의 눈은 융통성이 정말 좋다고 한다. 색스는 안구에 생긴 종양을 치료받는 과정에서 망막의 일부가 손상되어 시야에 커다란 검은 맹점을 가지게 된다. 그가 시선을 돌릴 때마다 검은 얼룩은 그의 시야를 따라다니며 시계視界를 훼방놓지만 그가 구름 한 점 없는 맑은 하늘이나 무늬 없는 벽을 뚫어지게 주시하고 있으면, 시야의 커다란 검은 얼룩은 마치 '강물이 가장자리에서부터 서서히 얼음이 어는 것'처럼 검은 얼룩의 가장자리가 서서히 주변의 색으로 물드는 현상이 나타났다고 한다. 색스의 뇌는 눈에 들어오는 풍경이 모두 강물이니 시신경이 파괴되어 맹점이 생긴 부위가 보고 있어야 마땅한 광경 역시 강물이라고 생각해 맹점에 강물 이미지를 채워넣은 것이다.

마찬가지로 파란 하늘을 응시하면 눈앞의 검은 얼룩이 서서히 푸른 하늘의 색에 먹혀서 줄어들고, 동일한 패턴이 반복되는 벽지를 응시하고 있으면 맹점이 패턴으로 채워진다. 색스는 여러 번 이를 테스트한 뒤 주변이 무늬가 없고 색이 일정할수록 맹점이 채워지는 속도가 빠르고, 무늬가 있거나 복잡할수록 느려진다고 말한다. 우리의 뇌는 이 시야에 맹점이 생기는 것을 싫어하기 때문에 가장 그럴 듯한 광경, 주변과 동일한 색 혹은 패턴으로 맹점을 채워버리는 융통성을 발휘하는 것이다.

세상을 보다, 세상을 이해하다

한글을 배운 어린아이라면 누구나 한글로 쓰여진 전문학술서를 읽을 수 있다. 하지만 이를 두고 아이가 진정으로 책을 읽었다고는 할 수 없다. 아이가 읽은 것은 종이에 쓰여진 낱글자였을 뿐 그 문장이 의미하는 바를 읽어낸 것은 아니기 때문이다. 사실 글을 읽을 때 중요한 건 글자를 읽어내는 능력이 아니라 문장의 뜻을 이해하는 능력이다. 글자를 깨우쳤다고 해도 독해력이 부족하다면 실질적으로는 문맹이나 다를 바 없다. 마찬가지로 진정한 의미의 '시각'은 단순히 망막에 비치는 형상이 아니라, 그 형상을 읽어내고 판단하고 인식하는 행위까지 모두 포함해야 한다. 그리고 이 해석은 뇌에서 상당히 많은 역량을 요구한다. 사람의 대뇌피질에서 시각 중추가 차지하는 영역이 가장 큰 것은 이런 이유 때문이다.

눈이 아니라 뇌가 본다는 것은 1950년대, 영국의 신경인지 심리학자였던 리처드 랭턴 그레고리 Richard Langton Gregory, 1923~2010 박사의 'S.B에 대한 사례 연구'*에서 단적으로 드러난다. 그레고리 박사의 보고서에서 S.B라는 이니셜로 등장하는 사람은 20세기 초에 선천성 시각 장애인으로 태어난 뒤 1958년 처음으로 각막이식 수술을 받아 빛을 되찾은 인물이다.

수술 자체는 성공적이었다. 이식받은 각막은 별다른 이상 없이 S.B의 눈에 생착했고, 투명해진 각막은 빛을 받아들여 50여 년 만에 처음으로 망막에 상을 맺히게 하는 데 성공했다. 하지만 이상한 일이 일어났다. 각막 이식만 받으면 세상을 모두 볼 수 있을 거라고 생각했던 S.B는 눈을 뜨고도 눈앞의 의사를 전혀 알아보지 못했다. 물론 의사의 얼굴을 처음 보았으니 그가 누군지 알아보지 못하는 건 당연할 수도 있다. 하지만 그는 의사가 말을 걸기 전까지 누군가 자신의 눈앞에 서 있다는 사실조차 인식하지 못했다. 그의 눈은 정상적으로 기능했지만 문제는 뇌였다. 반세기 동안 시각을 전혀 이용하지 않은 채 살아왔던 S.B의 뇌에서는 시각 중추가 거의 발달하지 못했기에 눈을 통해 들어오는 이미지들을 그의 뇌가 해석하지 못했던 것**이다.

이후 재활 훈련을 통해 '보인다'는 감각에 익숙해지기 시작하면서 점차 그가 '볼 수 있는 것'은 늘어났으나 이후로도 그의 시각적 이해도는 매우 떨어졌다고 한다. 이런 결과로 미루어보건대, 심봉사가 부처님의 은덕으로 두 눈이 번쩍 뜨였더라도 뇌의 시각피질과 연동이 되지 않아, 자기 앞에 서 있는 아리따운 여인이 청이라는 것을 알아보기는커녕 딸이

---

*   Ricahrd Langton Gregory, 「Recovery from Early Blindness A Case Study」

**   하지만 불가능한 것은 아니다. 적절한 훈련을 통해서 이를 다시 활성화시키는 것도 가능할 수 있다. 이스라엘 히브리대학교의 연구진이 2012년 「Cerebral Cortex」에 「The Large-Scale Organization of visual streams emerges without visual experience」라는 제목으로 발표한 논문에 따르면, 시각적인 경험이 없는 선천성 시각장애인의 시각피질에서도 배쪽 경로ventral

눈앞에 서 있는지도 몰라 청이의 속을 두 번 뒤집어 놨을 듯하다. 뇌와 함께 자라나는 눈. 우리가 보는 것은 곧 우리가 세상을 받아들이는 방식인 셈이다.

stream과 등쪽 경로dorsal stream의 두 가지 경로가 구분되어 형성되어 있음을 보고한 바 있다. 일반적으로 눈으로 들어온 정보는 두 가지 경로를 통해 시각피질로 보내지는데, 배쪽 경로는 WHAT system, 즉 사물에 대한 구별과 인지에 대한 정보를 전달하며, 등쪽 경로는 WHERE system으로 시공간적 인지와 시운동을 담당하는 곳이다.

I. 눈으로 보다

법의학자의 눈: 보는 것과 읽는 것

"이 사진에서 가장 중요한 게 무엇이라고 생각합니까?" 보이는 것과 읽어내는 것의 차이점을 찾기 위해 법의학자 박의우 교수님의 사무실을 찾아갔을 때였다. 교수님은 불쑥 사진 한 장을 내밀며 이렇게 물어왔다. 영문도 모른 채 눈앞의 사진을 보았다. 젊은 여성이 넓은 거실 바닥에 누워 있는 모습이 보였다. 좀 더 자세히 보자 또 다른 모습들이 눈에 들어왔다. 그녀는 마치 갓난아이처럼 팔다리를 구부리고 잔뜩 웅크린 채 등을 대고 누워 있었고, 머리 근처엔 검붉은 얼룩이 넓게 퍼져있었다. 한눈에도 이건 범죄 현장 사진이고, 여성은 안타까운 희생자임이 분명했다.

"대부분의 사람들은 이 사진을 보여주면 이 여성이 머리를 맞아서 살해되었다고 생각합니다. 하지만 그건 확신할 수 없습니다. 머리를 누군가가 때렸는지, 사고로 다친 것인지는 사진만으로는 알 수 없고, 저 얼룩이 피인지도 확신할 수 없습니다. 피일 수도 있지만 그저 우연히 그 자리에 떨어진 색이 짙은 다른 액체일수도 있지요. 또한 머리를 다쳐서 피를 흘린 것일 수도 있지만, 머리에 상처가 없어도 사망 후 일정 시간이 지나면 코와 입으로 피처럼 보이는 혈성 분비물이 흘러나오기도 하니 이 역시도 직접 확인해보기 전엔 단정할 수 없는 일입니다. 하지만 분명한 건 있습니다. 사진의 여성은 이곳에서 죽음을 맞이한 게 아니며 사망 이후 상당 시간 매우 좁은 곳에 방치되어 있다가 이곳으로 옮겨진 것만은 확실합니다."

사람이 사망하면 직후에는 전신이 이완되어 축 늘어지지만, 일정 시간이 지나면서 사후 경직이 일어나 그 모습 그대로 굳게 된다. 따라서 이 피해자처럼 팔다리를 웅크린 자세로 누워 있을 수 있다는 것은, 죽음 이후 사후 경직이 일어나는 동안 팔다리를 구부릴 수밖에 없는 좁은 곳에 갇혀 있었기 때문이었다. 하지만 발견된 장소는 넓은 거실이니 그녀는 여기서 사망한 것이 아니라, 사망 이후 옮겨진 것이 틀림없다는 것이다.

"사람들은 눈에 띄는 것, 혹은 보고 싶은 것만 골라서 보고 자신이 본 것을 진실이라 믿습니다. 하지만 눈에 보이는 많은 것 중에 어떤 것이 정말로 중요한 것이며 그것이 말하고자 하는 의미를 읽어내기 위해서는 경험과 지식이 모두 필요하지요."

보는 것은 연습이 필요 없지만 읽어내는 것은 분명 연습이 필요하다. 전문가의 눈이란 같은 것을 보아도 숨겨진 이면을 읽어낼 수 있는 눈인 것이다.

"법의학자의 눈은 쉽게 말해서 인간관계에서 호감을 주는 눈빛과 정반대라고 생각하면 쉽습니다. 법의학자에게 익숙한 죽음은 때가 아닌 죽음입니다. 그러니 법의학자는 모든 일을 의심의 눈초리로 보게 되고, 그것이 습관이 됩니다. 보이는 대로만 보는 것이 아니라 숨겨진 것을 보는 것, 뻔해 보이는 것도 의심의 눈초리로 다시 보는 것, 쉽게 보이지 않기에 꿰뚫어보는 눈이 필요하지요. 대강의 감상이 아니라 세밀한 관찰이어야 하고, 현재를 통해 과거를 유추해서 보아야 한다는 것이죠. 나무를 보지 말고 숲을 봐야 하고, 꼭 밝혀내고야 말겠다는 강렬한 의지와 관심을 가지고 세심하게 찾아야 합니다. 그것이 눈을 밝혀주는 길입니다." 보통 사람들이 일평생 본적 없는 것들, 차마 볼 수 없던 것들을 오랫동안 살펴본 법의학자의 눈을 마주보고 온 날, 어쩐지 눈이 트인 느낌이 들었다. 어쩌면 세상이 어두운 것은 빛이 부족하거나 눈이 나빠서가 아니라, 우리에게 제대로 볼 수 있는 지식이 부족했고 똑바로 보고자 하는 의지가 없었기 때문이 아닐까.

색으로 가득 찬 세상

아이의 장례식이란, 단어의 연결조차 어색하다. 그 자체가 모순인 곳, 그 곳의 분위기를 더욱 기묘하게 만드는 건 중심에 앉은 한 여인이었다. 가뜩이나 가라앉은 공간에서 유독 음울한 공기가 흐르는 곳은 아마도 죽은 아이의 산 부모 주변일 것이다. 하지만 오늘 그 공간에 들어선 인물은 선명한 붉은색 옷에 붉은 립스틱을 바르고 있었다. 그녀에게서 나오는 핏빛 아우라는 가뜩이나 어긋난 공간과 시간을 비틀고 있었다.

M.나이트 샤말란 감독의 영화 〈식스 센스〉는 허를 찌르는 반전과 복선으로 가득 찬 영화여서 명장면이 많다. 그중 특별하게 기억에 남는 장면은 주인공인 할리 조엘 오스먼트가 "난 귀신이 보여요"라고 어렵사리 고백하는 장면과 일명 '구토하는 소녀'의 장례식에서 아이의 엄마(정확히는 계모)가 장례식에 어울리지 않는 붉은색 옷과 화장을 한 채 앉아 있는 장면이었다. 아이의 죽음을 핏빛 드레스로 표현하는 엄마라니.

색에 대한 의식적 전통과 인식은 생각보다 강하다. 파랑색 웨딩드레스나 검은색 배냇저고리, 빨간색 의사 가운을 떠올려보라. 개나리색 군복이나 진달래 빛 상복은 어떤가? 익숙지 않고 낯선 색의 차림새는 어색함을 넘어 불쾌한 감정까지 불러일으킨다. 또 자리에 어긋나는 색의 옷은 개인적 취향이 아니라 상대와 사회에 대한 의도적인 무례로 읽히기도 한다.

사회적 예절과 색의 적절한 적용 사이에서 고통받았던 인물이 있다. 그의 이름은 존 돌턴 John Dalton, 1766~1844 이다. 원자설을 주장해 근대 화학의 아버지로 불리는 인물이다. 1794년 돌턴은 맨체스터 문학철학회에 「색상을 보는 시각에 대한 놀라운 사실 Extraordinary facts relating to the vision of colours」이라는 제목의 논문을 기고하는데, 이는 최초의 색각 이상에 대한 논문으로 알려져 있다. 돌턴은 녹색과 붉은색을 구별하지 못했을 뿐 아니라 다양한 색조의 붉은색을 회색이나 검은색으로 인식하곤 했다. 그래서 그의 이름 뒤에는 위대한 과학자라는 찬탄과 함께, 양말을 짝짝이로 신고 공식석상에 나타났다거나, 엄숙한 자리에 화려한 붉은 옷을 입고 나타나 사람들을 놀래켰다는 에피소드가 따라붙곤 한다. 이 모든 게 그가 붉은색을 볼 수 없었기 때문에 일어난 에피소드들이었다.

학자로서 그의 유명세는 색을 구별하지 못하는 그의 실수를 더욱 부각시켰고, 이에 따라 붉은색과 녹색을 구별하지 못하는 적록색각 이상의 영어식 명칭인 '돌터니즘 doltanism'이 그의 이름에서 유래되기에 이른다. 생전에 돌턴은 자신이 색을 제대로 구별하지 못하는 것, 특히 붉은색을 볼 수 없는 것은 자신의 안구 내 유리체 속에 푸른색 물질이 들어 있어서 붉은색 빛을 차단하기 때문이라고 가정했다. 그는 뛰어난 과학자답게 자신이 죽게 되면 안구를 해부하여 '푸른색으로 가득 찬 눈'이라는 가설의 진위 여부를 판단해 달라는 유언장을 남겼다. 고인의 뜻에 따라 그의 지인이자 주치의였던 조셉 랜섬은 돌턴의 사후 그의 안구를 적출하여 그중 하나를 해부하여 분석하였지만, 그가 발견한 건 돌턴의 유리체 역시도 보통 사람들처럼 맑고 투명하다는 사실이었다. 비록 돌턴의 가설은 틀렸지만 훗날 그가 색을 제대로 인지할 수 없었던 비밀 역시 그가 남긴

I. 눈으로 보다

눈을 통해 밝혀진다.

　　랜섬은 돌턴의 두 눈 중 하나는 해부하였지만, 나머지 하나는 썩지 않도록 보존 처리해서 남겨두었고, 그 덕에 200여 년의 세월을 건너뛰어 현대 과학자들이 그의 안구에서 DNA를 추출해 유전자 검사를 할 수 있었다. 돌턴의 안구 DNA 검사 결과는 1995년에 《사이언스》를 통해 발표되었는데, 돌턴은 세 가지 종류의 원뿔세포 중 녹색 부위를 인지하는 원뿔세포 돌연변이를 가지고 태어난 제2색각이상(혹은 녹색맹)이었다고 한다. 사후 세계가 있다면 돌턴은 자신의 눈을 과학적으로 기증한 것이 옳은 선택이었음에 흡족해하고 있지 않을까.

빨강과 초록과 파랑으로 보이는 세상

우리가 색을 구별할 수 있는 것은 세 가지 종류의 원뿔세포가 있기 때문이다. 이 원뿔세포는 각각 빨강, 초록, 파랑을 내는 빛의 파장을 인식한다. 어릴 적 미술시간에 단골 문제로 나오던 '색의 3원색'과 '빛의 3원색' 문제를 기억하는가? 색의 3원색은 빨강·노랑·파랑이지만, 빛의 3원색은 빨강·초록·파랑이었다. 일상에서는 빛의 색보다는 물감이나 크레파스가 주는 색에 더 익숙했기 때문에, 초록은 노랑과 파랑의 중간색이라는 고정관념이 있었는데 빛에서는 왜 하필 초록이 원색이 되는지 이해되지 않던 시절이 있었다.

　　그 이유는 바로 우리의 눈에 있다. 우리의 눈에는 빨강과 초록, 파랑을 인지하는 3가지 종류의 원뿔세포만 존재하고, 나머지 빛깔들은 이 세 가지 색들의 조합으로 인식하기 때문이다. 만약 우리의 눈에 더 많은 종류의 원뿔세포들이 존재했다거나, 혹은 다른 파장의 빛을 인식하는 원뿔세포가 존재했다면 빛의 원색들은 바뀌었을 것이다. 그렇다면 이 세 가지 원뿔세포들은 어떤 방식으로 빛의 색을 감지하는 것일까?

우리 눈이 보는 가시광선은 단일한 종류의 빛이 아니라 다양한 파장을 지닌 빛의 혼합이다. 빛을 프리즘에 통과시키거나 비가 오고 난 뒤 젖은 하늘 너머 무지개를 보면 가시광선이 단일한 존재가 아니라는 것을 알 수 있다. 이 복합한 파장들의 모임 중에서 사람의 원뿔 세포는 긴파장(570~590나노미터)에 민감한 것과 중간파장(535~550나노미터)에 민감한 것, 짧은 파장(440~450나노미터)에 민감한 것 세 가지 종류로 나뉜다. 각각의 파장에 대응되는 빛의 색은 빨강·초록·파랑이므로, 장파당·중파장·단파장을 인식하는 원뿔세포는 각각 빨강·초록·파랑을 인식하는 원뿔세포인 것이다.

빛이 눈으로 들어오게 되면 광자光子, 빛의 파장을 구성하는 입자 들은 원뿔세포를 자극해 진동시키고 이 자극이 뇌로 전달되어 색을 인식하게 된다. 이때 각각의 원뿔세포들은 빛의 파장과 자신이 좋아하는 파장 사이의 일치도에 따라서 정도를 달리해 반응하는데, 예를 들어 빛의 파장이 570나노미터라면 장파장 원뿔세포가 이에 정확히 대응하므로 이 신호만 뇌에 전달되어 붉은색을 보게 되는 것이다.

그런데 파장이 애매한 500나노미터라면 이와 먼 장파장 원뿔세포는 가만히 있고, 그나마 근접한 중파장과 단파장 원뿔세포가 마지못해 조금씩 움직여 뇌에 신호를 보낸다. 그러면 두 원뿔세포가 동시에 보내온 반쪽짜리 신호를 받아들인 뇌는 이 물체의 색을 초록빛과 파랑빛의 중간색인 노랑으로 인식하게 되는 것이다. 마치 책을 인쇄할 때 4가지 색을 사용하는 4도 인쇄만으로 컬러판 책을 낼 수 있는 것처럼, 우리의 뇌도 각각의 빛의 파장에 대응하는 원뿔세포의 움직임 정도를 파악해 세상을 총천연색으로 인식할 수 있다.

원뿔세포가 색을 보게 만들어준다는 의미는 뒤집어 말하면, 원뿔세포가 아예 없거나 혹은 있더라도 제 기능을 못하면 색을 볼 수 없다는 말이 된다. 이런 경우를 '색각이상'*이라고 한다. 만약 원뿔세포가 전혀 존재하지 않는다면 색을 전혀 구분할 수 없어 세상이 온통 흑백 TV처럼 보이는 완전색각이상(전색맹)이 나타난다. 이는 매우 드물게 나타나고, 대개는 극도의 시력 저하와 동반되는 경우가 많아서, 색각이상 이전에 저시력으로 인해 더 큰 고통을 받곤 한다.

이보다 흔히 나타나는 것은 이색형 색각이상으로 삼색 중 하나를 인식하는 원뿔세포가 문제가 있어 세상을 두 가지 색의 혼합으로만 인식하는 증상을 말한다. 이는 다시 인식하지 못하는 색에 따라 제1색각이상(적색원뿔세포 결함, 적색맹), 제2색각이상(녹색원뿔세포 결함, 녹색맹), 제3색각이상(청색원뿔세포 결함, 청색맹)으로 나뉜다. 이 밖에도 세 가지 원뿔세포가 모두 존재하고는 있지만, 한 가지 원뿔세포가 다른 것들에 비해 민감도가 떨어지는 경우도 있는데 이 경우 아예 해당 빛의 색을 볼 수 없는 것은 아니지만 세심한 색의 구별은 되지 않는 이상 삼색형 색각도 있다. 이들 역시도 민감도가 떨어지는 종류에 따라 제1색약(적색약), 제2색약(녹색약), 제3색약(청색약) 등으로 나뉜다.

---

*   보통은 이런 경우 색을 구별하지 못하는 맹인이라는 의미의 색맹이라는 단어를 썼으나, 최근에는 이들은 색을 볼 수 없을 뿐 사물을 볼 수 없는 것이 아니고, 또한 단어가 주는 어감 때문에 색각이상이라는 단어를 대신 쓰려고 노력 중이다.

원뿔세포가 없거나 기능을 하지 못해 색을 구별할 수 없다면, 원뿔세포가 더 많으면 색을 더 볼 수 있다는 뜻일까? 맞다. 네 번째 원뿔세포는 자외선을 인식한다. 꿀벌이 자외선을 볼 수 있다는 사실은 꽤 유명하다. 하지만 사람은? 사람도 자외선을 볼 수 있을까? 대부분의 사람들은 자외선을 볼 수 없다. 물론 3종류의 원뿔세포만으로도 100만 가지의 색을 구별할 수 있기에 우리가 보는 세상은 충분히 다채롭다. 하지만 하나가 더 있다면?

극히 드물긴 해도 4종류의 원뿔세포를 가진 사람들도 세상에는 존재한다. 이들을 '사색형 색각tetrachromacy'이라고 하는데, 이들의 눈은 보통 사람들이 7가지로 인식하는 무지개에서 10가지 색깔을 보며, 1억 가지의 색을 구별할 수 있다고 한다. 이런 눈으로 세상을 본다면, 세상은 보는 것 자체만으로도 충분히 찬란하고 복잡할 듯싶다. 참고로 현재까지 알려진 사색형 색각을 가진 이들은 모두 여성이다. 이는 대부분의 색각이상이 남성에게 나타난다는 것과 함께 성별에 따라 다르게 유전되는 반성 유전의 특성인 것으로 추측된다.

X염색체를 하나 가진 이들의 비극

흔히 어릴 적 신체검사에서 다양한 색의 점들로 구성된 동그라미 안에 어떤 숫자가 쓰여 있는지 읽는 색상환 검사를 받아본 적이 있을 것이다. 이 색상환은 무작위로 선택된 것이 아니라, 바탕의 점들과 숫자를 이루는 점들은 색각이상이나 색약을 겪는 이들이 구별하는 데 어려움을 겪는 색들로 구성되도록 만들어진 것이다.

I. 눈으로 보다

잘 알려지진 않았지만, 색각이상자 혹은 색약자의 비율은 생각보다 높아서 서양의 경우 전체 인구의 8퍼센트, 우리나라의 경우 5퍼센트 정도가 색을 인식하는 데 곤란을 느낀다고 한다. 그런데 이들에게는 두 가지의 묘한 특징이 있다. 이들 중 99.9퍼센트는 남성이라는 것과 이들이 구별하지 못하는 색이 주로 빨강과 초록이라는 사실이다. 즉 여성 색각이상자나 색약자는 매우 드물며(여성 전체 인구의 0.004퍼센트), 파랑색을 볼 수 없는 색각이상은 전체 색각이상자 중에서도 0.1퍼센트 이하로 매우 드물다는 말이다.

색각이상을 겪는 이들이 대부분 빨강과 초록을 구별하지 못하는 남성(돌턴도 여기에 포함된다)이라는 사실은 이 둘 사이에 상관관계가 있음을 시사한다. 세 종류의 원뿔세포를 만드는 유전자는 같이 뭉쳐 다니는 것이 아니라, 따로따로 존재하는데 빨강과 초록 원뿔세포 유전자는 성염색체인 X염색체 위에 존재하지만, 파랑 원뿔세포를 만드는 유전자는 뚝 떨어져 7번 염색체 위에 따로 존재한다. 빨강과 초록 원뿔세포 유전자가 X염색체 위에 있다는 사실부터가 남성에게는 원초적인 비극이 된다.

성염색체인 X염색체는 남녀에 따라 개수가 다른데, 여성은 X염색체를 두 개 가지고 있지만 남성은 하나뿐이다. 따라서 여성은 두 개의 X염색체 위에 있는 원뿔세포 유전자에 모두 결함이 있어야만 증상이 나타나지만*, 남성은 X염색체가 하나이므로 결함이 생기면 보완이 불가능해 바로 색각이상 증세가 나타나는 것이다. 반면 상염색체인 7번 염색체는 남녀 모두 두 개씩 가지고 있으므로, 애초부터 색각이상이 드

---

*   쉽게 말해 아버지가 색각 이상이고, 어머니는 보인자(외할아버지가 색각이상)인 경우에만 딸에게서도 50퍼센트의 확률로 색각이상이 나타날 수 있다.

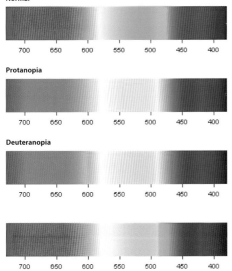

Normal

700 650 600 550 500 450 400

Protanopia

700 650 600 550 500 450 400

Deuteranopia

700 650 600 550 500 450 400

700 650 600 550 500 450 400

맨 위부터 보통 사람이 인식하는 스펙트럼.
제1색각이상, 제2색각이상, 제3색각이상의
사람이 인식하는 스펙트럼.

러나는 경우 자체도 드물 뿐 아니라 이 경우에는 남녀의 비율도 동일하
게 나타난다.

　　그렇다면 색각이상을 겪는 이들의 눈에는 세상이 어떻게 보이는 것
일까? 사실 이들이 세상을 어떻게 인식하는지 정확히 알 방법은 없다.
게다가 시력도 0.1에서 2.0사이에 걸쳐 다양한 층위가 있듯 색각이상의
정도 역시 해당 색을 전혀 인지할 수 없는 경우부터 아주 미묘한 색감의
차이만 구별하지 못해 일상생활에는 불편을 느끼지 못하는 정도까지 매
우 다양하다.

　　하지만 일반적으로 제1색각이상의 경우, 적색과 그 보색인 청록색
을 구별할 수 없고, 제2색각이상인 경우, 녹색과 그 보색인 적자색을 구
별할 수 없으며, 이 둘 모두 세상이 주로 노랑과 파랑의 혼합으로만 보이

　　　　　　　　　　　　　　　　　　　　Ⅰ. 눈으로 보다

게 된다. 반면 제3색각이상의 경우, 파랑색을 보지 못해 세상이 모두 빨강과 녹색으로만 인지된다. 색각이상자의 대부분을 적록색각이상이라고 부르는 것 역시도, 적색색각이상이든 녹색색각이상이든 겉으로 드러나는 증상 자체는 거의 동일 — 빨강과 초록을 구별하지 못하고 이에 해당하는 색들이 황색의 그라데이션으로 느껴지는 — 하기 때문이다.

조선을 대표하는 두 명의 화원인 단원 김홍도와 혜원 신윤복을 주인공으로 등장시킨 소설 『바람의 화원』에서는 이를 차용해 단원을 적록색각이상으로 등장시킨다. 실제로 단원이 색각이상 증세를 나타냈다는 공식적인 기록은 없다. 이는 단원의 그림 중에는 색을 쓰지 않고 먹과 황색 안료의 미묘한 농담의 차이를 잘 살린 작품이 많다는 데서 착안한 작가의 상상력의 결과물이다.

실제로 제2색각이상(녹색색각이상)의 경우, 빨강과 초록 그 자체는 구별하지 못하지만 초록색 자체의 미묘한 질감의 차이는 오히려 더 잘 구별한다고 한다. 그래서 가끔씩 전쟁터에서 초록색 위장복을 입고 수풀 속에 숨어 있는 적군을 구별하는 데 이들의 능력을 사용했다는 기록도 남아 있다. 혹자는 색각이상 유전자가 오랜 진화적 세월을 거치는 동안 도태되지 않고 우리의 염색체 속에 여전히 남아 있는 이유를 여기서 찾기도 한다. 이들은 색을 '볼 수 없는' 것이 아니라, 색을 '다르게 보기'때문이라고. 그들은 '결핍된 존재'가 아니라 생물체의 다양성을 보장하는 '다른 존재'라고 말이다.

그렇다면 생물은 언제부터 색을 보기 시작했을까? 처음부터 지금처럼 색을 볼 수 있었을까? 이러한 의문에 답하고자 과학자들은 오래전부터 원뿔세포 유전자의 기원에 대해 연구한 바 있다. 생물체가 가장 처음으로 본 색은 초록이었다고 한다. 원시적 초록 원뿔세포에 해당하는 광색소 유전자는 약 생물체에게 눈이 생겨난 그 시점인 5억 년 전부터 등장했으며 그 다음에 등장한 것은 파랑을 인식하는 능력이었다. 그리고 빨강은 이보다 한참 뒤처진 3,000만~4,000만 년 전에야 처음 눈에 인식되기 시작한 것으로 추정되고 있다.

이를 바탕으로 하면 생물체는 풀과 나뭇잎의 초록색에서 시작해 하늘과 바다의 파란색을 거쳐, 잘 익은 열매와 피의 붉은색을 시야에 포착해왔다는 뜻이 된다. 우리가 지금도 초록색에서 신선함과 싱그러움, 생명력과 원초적 자연에 대한 갈망을 느끼는 것은 오랜 진화적 변이 속에서도 여전히 남아 있는 무의식의 한 조각일지도 모른다.

나뭇잎이 초록색인 이유는?

나뭇잎과 풀잎의 색으로 가장 먼저 떠오르는 것은 당연히 초록이다. 스스로 광합성을 해서 살아가는 식물은 몸 전체 혹은 일부가 반드시 초록색을 띤다. 광합성을 하는 엽록소葉綠素, chlorophyll 가 초록색이기 때문이다. 식물의 엽록소는 태양에서부터 유래된 빛 에너지를 이용해 이산화탄소와 물을 이루는 원자들 사이에 화학적 변화를 일으켜 포도당을 만들어내고, 그 과정에서 부산물로 산소가 배출된다.

흥미로운 것은 식물의 엽록소는 가시광선 중 청자색(파장 400~500나노미터)과 적색에서 황적색(파장 620~700나노미터) 사이의 빛을 잘 흡수하지만, 초록색(파장 500~600나노미터) 빛은 거의 흡수하지 않고 반사한다. 엽록소가 초록색으로 보이는 건 다른 색의 빛은 흡수해버리고, 초록색 빛만 반사하기 때문이다. 이는 엽록소가 풍부한 식물의 잎이나 줄기가 싱그러운 초록색을 띄는 이유가 된다. 우리의 눈은 식물이 흡수하지 않고 반사한 녹색 빛만 인식할 수 있다. 만약 식물이 녹색 빛을 흡수해 광합성에 이용했다면 나뭇잎은 아마도 빨강이나 파랑으로 보이지 않았을까?

타인을 통해 나를 보다

갓 태어난 아기의 얼굴을 바라보던 엄마는 뜬금없이 아기에게 혀를 내밀어 보았다. 아기는 엄마를 보는 건지 안 보는 건지 표정에 별다른 변화가 없다. 한 번, 두 번, 세 번. 같은 행동을 되풀이했지만 여전히 아기의 표정은 물음표다. 갑자기 피식, 헛웃음이 나온다. 아직 배냇저고리도 벗지 못한 신생아에게 대체 뭘 기대한 거지? 그때였다. 아기의 그 조그만 입술이 벌어지고 그 사이로 귀여운 혓바닥이 빼꼼 드러난 것은. 이런, 지금 아기가 날 따라한 건가. 아니, 우연일지도 몰라. 한 번 더 해보자. 놀라움의 표정을 감추고 다시 아기를 바라보며 혀를 내밀자, 아기는 이제 기다렸다는 듯이 단숨에 혀를 내밀어 화답한다. 두 번, 세 번, 네 번. 한 번은 우연일 수 있지만, 반복되는 우연은 의도적이다. 분명 지금 아기는 엄마의 행동을 보고 모방하는 중이었다.

대학원 때 신경생리학을 전공하면서 사람의 모방 능력은 매우 일찍부터 발휘될 수 있다는 것을 배웠다. 갓 태어난 신생아들조차 어른들의 행동을 보면서 모방하려 한다는 것이다. 물론 신체적 한계상 많은 것을

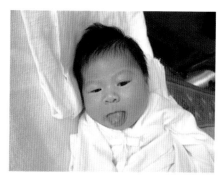

신생아도 엄마의 행동을 보고 모방이 가능하다.

I. 눈으로 보다

따라할 수는 없지만 말이다.

활자로 읽을 때는 당연하게 느껴지는 것들도 막상 눈앞에서 벌어지면 매우 단순한 것도 신기하게 느껴지곤 하는데, 신생아의 '메롱' 역시도 그러했다. 사실 아직 시선을 제대로 맞추지 못해 날 쳐다보고 있는지조차 확신할 수 없는 갓 태어난 신생아에게 혀를 내밀면서도 아이가 정말로 따라할 것이라고는 확신이 없었다. 하지만 아기는 정확히 '교과서대로' 행동했다. 물론 아기와 함께한 첫 메롱 놀이가 성공했을 때 내가 느꼈던 놀라움과 기쁨의 감정은 가설을 실제로 확인했을 때 과학자들이 느끼는 지적 흥분이라기보다는 아기와의 교감에 성공했다는 초보 엄마의 뿌듯함에 가까웠지만.

사실 혀를 내미는 것은 매우 단순한 행동이다. 그저 입 속에 있는 무언가를 밖으로 꺼내기만 하면 되니까. 하지만 그것이 입술에 묻은 뭔가를 핥아 먹는 목적이 아니라, 아무런 목적 없이 그저 타인의 얼굴을 보고 모방하는 경우에는 그리 단순한 과정이 아니게 된다. 이는 신생아의 뇌가 타인(엄마)의 얼굴에서 무언가 움직이는 것(혀)을 인식하고, 그 인식된 물체와 동일한 기관이 역시 자신에게도 있음을 인지한 뒤 운동신경과 근육을 의도적으로 미세하게 조절해 혀를 내미는 행동에 이르기 까지 다양한 정보들을 처리할 수 있는 능력을 모두 갖춰야만 가능한 것이다.

사람의 육체는 조물주가 특정한 의도를 가지고 빚어낸 것이 아니라, 진화적 과정을 거쳐서 형성된 단백질 덩어리라는 사실을 알게 된 이후에도 많은 사람들은 사람이 다른 동물들과 다른, 혹은 달라야 하는 이유를 찾기 위해 필사적으로 노력했다. 그리고 저마다 나름대로의 답을 제시했는데 이 모든 필사적 노력의 근간을 제시한 다윈Charles Darwin 조차도 예외는 아니었다. 그는 사람만이 갖는 특성을 '타인의 고통에 민감하게 반응하는 동정심'이라 주장했고, 에델만은 '우리가 의식하고 있다는 사실을 의식할 수 있는' 고차원적 인식을 가지고 있기 때문에 동물과 구별된다고 말한 바 있다. 그리고 최근 과학자들은 인간을 인간답게 하는 비밀의 열쇠가 누군가를 따라하는 능력, 즉 모방 능력에 있다고 보고 있다.

직접 경험해서 몸으로 체득해야만 익힐 수 있는 것이 아니라, 타인의 행동을 보는 것만으로 배울 수 있고, 나아가 누군가의 얼굴에 떠오른 표정들을 보고 상대의 마음을 미루어 짐작하고 공감할 수 있는 능력. 마치 거울 이미지처럼 상대의 행동과 표정, 감정을 복제할 수 있는 능력을 두고 하는 말이다. 그렇다면 도대체 사람은 어떻게 그토록 자유자재로 누군가를 모방할 수 있는 것일까.

거울세포의 발견

20여 년 전, 이탈리아 파르마 대학 연구팀은 돼지꼬리원숭이Macaca nemestrina 의 뇌에 전극을 꽂아 F5영역의 신경적 활성화를 확인하는 연구를 하고 있었다. 원숭이의 F5영역은 사람으로 치면 신체 운동을 관장하는 전운동피질에 해당하는 부위다. 이들의 실험은 원숭이가 땅콩처럼 작은 먹잇감을 쥐려고 손을 내밀 때 손가락의 움직임을 정교하게 조절하기 위해 어떤 신경을 활성화시키는지를 찾기 위함이었다. 실험을 하다 보면 의도치 않는 부수적인 결과들이 자주 관찰되곤 하는데 때로는 이 의도치

않는 결과가 더 중요한 의미를 알려주기도 한다.

대표적인 예가 파블로프의 조건 반사 실험이다. 원래 파블로프는 심리학자가 아니라 소화 과정에 대해 연구하던 생물학자였다. 유명한 '종소리를 들으면 침을 흘리는 개'로 대표되는 실험 모델 역시 애초에 소화 과정에 있어서 먹이에 따라 침이 얼마나 분비되는지를 측정하기 위해 고안한 실험 과정이었다. 하지만 우리가 지금 파블로프의 이름과 짝을 지어 기억하는 것은 먹이의 종류에 따라 침의 분비량이 얼마나 늘어나는가가 아니라, 조건자극과 무조건 반사를 연결시켜 학습을 가능하게 하는 조건반사의 성립과 중요성에 대한 것이다.

1990년대 초반, 이들 연구자들에게도 기회가 찾아왔다. 여느 때처럼 원숭이들의 신경 반응을 살피던 연구자들은 고개를 갸우뚱거렸다. 한 원숭이의 F5영역에 꽂힌 전극이 반응하고 있었다. 이 신호에 따르면 원숭이는 지금 손을 움직이고 있어야 했다. 하지만 이 원숭이는 우리 안에 가만히 앉아 있을 뿐이었다. 원숭이 뇌의 F5영역은 운동 피질이기 때문에 운동을 하지 않는다면 신호가 발생하지 않아야 정상이었다. 장치가 고장난 것일까. 이상하게 생각한 연구자들은 원숭이를 관찰하다가 원숭이의 시선에서 해답을 찾았다.

원숭이는 자리에 얌전히 앉아 있었지만, 두 눈동자는 건너편 우리에서 땅콩 그릇을 향해 허우적대는 다른 원숭이의 손동작에 고정되어 있었다. 실제로 움직이는 것이 아니라 단지 움직이는 것을 보고만 있는데도 운동 피질의 신경이 활성화된다니, 시각적 정보와 운동 피질이 도대체 무슨 관계가 있는 것일까. 시각과 운동 사이의 비밀스러운 연결의 열쇠는 나와 다른 개체의 행동을 '보고' 이를 모방할 수 있는 능력을 지닌 '거울 신경세포'가 쥐고 있었다.

이후 원숭이를 이용한 몇 번의 실험 끝에, 연구자들은 원숭이의 뇌 속에는 타자他者의 행동을 보는 행위를 통해 스스로 움직이는 것처럼 느끼는 신경세포가 존재한다는 결론에 도달한다. 그리고 이런 신경세포에 '거울 신경세포 mirror neuron'라는 이름을 붙여 주었다. 거울을 보고 얼굴을 찌푸리면 거울 속의 내 모습 역시도 똑같이 찌푸린 얼굴로 응수하는 것처럼, 타자의 행동이나 감정을 보는 것을 통해 이를 내가 겪는 일처럼 공감하는 것을 가능하게 하는 신경세포가 존재한다는 것이다.

실제로 앞서 언급했던 '손가락을 움직이는 신경'의 경우에는 스스로 손을 움직여 땅콩을 집을 때는 물론이거니와 다른 원숭이가 땅콩을 집는 것을 보거나 심지어 같은 원숭이가 아닌 연구자인 사람이 땅콩을 움직이는 것만 보아도 활성화되었다. 신경 활성화의 정도만을 놓고 보면 직접 움직이는 것과 타자가 움직이는 것을 보는 것이 별다른 차이가 없었다. 즉, 거울 신경세포에게 있어서 '보는 것'은 곧 '움직이는 것'이었다.

또한 간접적으로 관찰 — 사람의 뇌에 대한 연구는 대부분 간접적일 수밖에 없다. 원숭이와 달리 사람에게는 머리를 열어 뇌에 직접 전극을 꽂는 실험 따위가 허가될 리 없기 때문이다 — 한 바에 따르면 사람의 뇌에서도 비슷한 기능을 하는 부위가 존재한다는 것이 밝혀졌다. 사람들의 거울 신경세포는 시각을 담당하는 후두부 — 시각 정보가 주된 입력 경로이므로 — 와 함께 두정엽, 전두엽, 번연계 등에서 발견된다.

원숭이의 거울 신경세포는 뇌에서 신체 운동을 관장하는 부위에서 주로 관찰되는데, 사람의 거울 신경세포는 운동 영역뿐 아니라 뇌의 많은 부분에 퍼져 있다. 이로 인해 우리는 원숭이들의 거울 신경세포가 타자의 움직임을 복제하는 데 익숙하다면, 사람의 거울 신경세포는 행동뿐 아니라 상대의 표정에서 감정을 읽어내고 공감하며, 추상적인 개념들까지도 공감대를 형성하는 것이 가능하다는 걸 추측할 수 있다. 결국 가장 많이 공감하고 가장 많이 모방할 수 있는 특성이 바로 인간다움을 만드는 주요한 특징일 수 있다. 이에 과학자 장대익 교수는 "인간의 모방 능력은 인간이라는 종을 '호모 레플리쿠스(모방하는 사람)'라고 불러도 좋을 만큼 특징적"이라고 말했다. 사람을 사람답게 하는 것은 거울 속의 내 모습을 통해 나를 들여다보듯 눈으로 본 타자의 행동과 경험을 내 일처럼 느낄 수 있는 능력에 있다는 것이다.

보는 것은 하는 것이다

타인의 경험을 자기 것으로 만드는 데 탁월한 모방 능력은 우리가 세상 모든 것을 직접 몸으로 경험하지 않아도 간접 경험을 통해 학습이 가능하다는 것을 설명할 수 있다. 또한 타인의 경험을 내 것처럼 느끼는 탁월한 마음 속 거울을 통해 사회적 룰을 만들어 극단적인 상황을 피할 수 있고, 때로는 대리만족이라는 위안을 얻기도 한다. 이는 우리가 '먹방쇼'에 등장하는 화려하고 맛깔나 보이는 음식들과 이들을 정말 맛있게 먹는 내가 아닌 누군가의 모습을 넋 놓고 바라보는 이유가 되기도 한다. 이때의 감정은 '그림의 떡'을 바라보면서 느끼는 안타까움이나 비참함, 나만 소외되어 있다는 감정이 아닌 보기 좋고 맛좋은 음식을 실제로 먹을 때 느끼는 생물학적 쾌락에 가깝다. 먹거나 맛볼 수 있는 건 고사하고 냄새 분자 하나조차 느낄 수 없지만, 거울 신경세포는 음식의 시각적 이미지만으로도 음식을 먹는 행위가 주는 원초적 기쁨을 그대로 복제할 수 있는 셈이다. 이는 많은 이들이 종족 번식이라는 유전자의 지상 과제에는 아무런 보탬이 되지 않는 일임에도 포르노그라피에 집착하는 이유를 설명해주기도 한다.

실제로 포르노그라피를 시청하는 사람들의 뇌 활성도와 신체적 변화를 관찰한 실험을 했는데, 포르노그라피는 섹스에 대한 생각을 유발시키는 기제가 아니라 그 자체가 섹스를 대체할 수 있는 것이라는 결과가 도출되었다. 즉 포르노그라피에 등장하는 이성의 나체와 성적 행위들은 그저 전자적 이미지들이 만들어낸 허상일 뿐이지만, 이를 보고 있는 이들의 뇌에서는 실제 섹스를 할 때와 거의 동일한 신경작용이 일어난다는 게 확인되었다. 뇌의 반응만 놓고 본다면 '보는 것이 곧 하는 것'인 셈이다.

거울 신경세포의 구체적인 위치와 자세한 행동 양식은 아직 많은 부분이 베일에 싸여 있지만, 사람이 타인을 모방하고 감정을 읽어낼 수 있는 능력을 갖추고 있다는 것에 대해서는 별다른 이견이 없다. 우리는 서로가 서로를 마음의 거울에 비추어 보며 의도하든 의도치 않든 서로의 행동을 모방하고 감정을 공유하며 함께 살아갈 수 있다.

하지만 거울에도 큰 거울과 작은 거울이 있고 가능한 현실에 가까운 또렷한 이미지를 비춰주는 거울, 이미지를 크거나 작게 혹은 휘어지도록 왜곡시키는 거울이 있는 것처럼 사람들의 뇌 속에 들어 있는 마음의 거울 역시 모두 다르다. 이는 사람들 사이에 그토록 자주 오해가 반복되고 갈등이 사라지지 않는 하나의 원인이 된다. 개인차는 있지만 평균적으로 여성들이 남성들보다 마음의 거울이 더 예민하고 선명하다. 이는 '여자의 육감은 정확하다'라는 사회적 믿음을 만들어낸 주요 요인일 뿐 아니라, '화성 남자와 금성 여자'로 대표되는 남녀 사이의 근본적인 갈등의 씨앗을 파생시킨 뿌리가 아닐런지.

자폐 스펙트럼 장애 ASD: Autism Spectrum Disorder 역시 거울 신경세포의 기능에 이상이 생겨 나타나는 증상이라는 주장이 제기되고 있다. 즉 자폐 증상이란 거울 신경세포의 기능적 이상으로 인해 타자에 대한 공감 능력이 결여되어 나타난 신경학적 증상이라는 것이며, 누구나 뇌 속에 가지고 있는 크고 작은 마음의 거울이 깨진 것과 마찬가지라는 것이다.

자폐 증상을 이처럼 '깨진 거울 이론 broken mirror theory'으로 바라본다면 자폐에 대한 대응법도 어딘가에서 어긋나버린 거울 신경세포들을 찾아내 바로잡는 방식, 즉 깨진 거울 조각들을 모두 모아 매끄럽게 이어붙이는 방식으로 접근해야 한다. 현재까지는 사람의 거울 신경세포, 혹은 이들이 만들어내는 '거울 신경계'에 대해 밝혀진 것이 많지 않아 깨진 거울을 어떻게 다시 붙여야 하는지, 혹은 정말로 거울이 깨진 것이 맞는지조차 확신할 수 없다. 하지만 이런 관점은 자폐를 난치의 영역에서 한 발 끌어낼 수 있는 가능성을 제시하고 있다.

'빛이 있으라'가 아니라 '눈이 있으라'라는 말로 서두를 시작했다. 빛이 넘쳐나는 한가운데 서 있더라도 인지할 수 있는 눈이라는 감각기관이 없다면 내게 있어 빛은 아무런 의미가 없다고 말이다. 그렇게 물리적 에너지를 지닌 빛이라는 존재가 눈이라는 생물학적 감각 기관을 통해 내게 중요한 의미가 되었다면, 뇌 속 거울에 비춰보는 마음의 눈은 타인들의 존재를 내게 의미 있게 하는 사회적 감각기관일 것이다. 유독 사람에게 이런 능력이 발달했다는 것은 사회적 존재로 살아가는 것이 우리에게는 신체적 생존만큼이나 중요한 일이었기 때문은 아닐까?

마음의 거울을 의도적으로 덮지 않고 거기서 시선을 돌리지 않는 것은 사람으로 제대로 서기 위한 근본적인 노력이다. 가끔씩 세월과 탐욕이 마음의 거울에 덧씌운 묵은 때를 닦아내고 타인을 제대로 비춰보려고 마음먹어 보는 것은 어떨까. 그것이야 말로 오랜 세월 우리의 뇌가 시각신경세포와 거울 신경세포를 이어온 노고에 대해 우리가 보여줄 수 있는 가장 기본적이고 예의 바른 답례가 될지니.

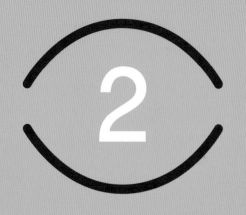

눈을 보다

눈을 직접 보다: 해부학 실습실

이제 너희들은 내가 겪고 저지른 끔찍한 일들을 다시는 보지 못하리라. 너희들은 보아서는 안 될 사람들을 충분히 오랫동안 보았으면서도 내가 알고자 했던 사람들을 알아보지 못했으니 앞으로 영원히 어둠 속에 있을 지어다!

— 『오이디푸스 왕』(소포클래스, 문예출판사, 2001)

주어진 가혹한 운명을 거부하려고 안간힘을 썼음에도 숙명의 호된 태풍에 휩쓸릴 수밖에 없었던 남자, 오이디푸스. 모든 사실이 밝혀지자 그의 어머니이자 아내인 이오카스테는 스스로 목숨을 끊었지만, 오이디푸스는 죽음 대신 자신의 두 눈을 도려내는 선택을 한다. 제 생명을 잉태케 한 아비를 알아보지 못해 몽둥이로 때려죽이게 만든 눈, 제 몸을 낳아준 어미를 알아보지 못해 그녀에게서 자식이자 손자들을 보게 하여 부모이면서 동시에 조부모가 되도록 만든 그 눈을 결코 용서할 수 없었던 것이다.

냉정하게 따지고 보면 눈이 잘못한 것은 없다. 눈은 보이는 대로 비춰주는 창문이기에 굳이 잘못이 있다면 눈이 보낸 영상을 제대로 해석하지 못한 뇌에 있다고 해야 하겠지. 하지만 뇌도 책임의 문제에서는 자유롭다. 태어나자마자 버려져서 친부모를 인지하는 어떤 정보도 주어진 것이 없었던 뇌는 눈이 보내주는 정보를 보이는 그대로 해석할 수밖에 없었을 것이다. 눈이 보내준 정보는 눈앞의 나이든 남자가 자신의 아버지라는 정표가 아니라 길을 비켜서지 않았다는 사소한 이유로 채찍을 휘두르는 폭력적인 인물이며, 왕좌에 앉은 여인이 자신의 어머니라는 사실이 아니라 괴물을 물리친 용사에게 왕국의 지배권과 함께 주어지는 고귀한 트로피라는 것이었을 뿐.

군이 책임을 묻자면 그에게 '아비를 죽이고 어미와 동침하리라'라는 잔인한 운명을 아무 이유도 없이 그에게 부여한 모이라이(그리스 신화에 등장하는 운명을 관장하는 세 명의 신)들의 심술에 돌려야 할 것이다. 하지만 오이디푸스의 두 손은 잡히지 않는 신들보다 손에 잡히는 눈으로 향했다. 마땅히 볼 수 없는 것을 보여주지 않았다는 이유로 도려내져야 했던 오이디푸스의 두 눈. 그 두 눈이 마지막으로 본 것은 평생 같이 지내왔지만, 절대로 직접적으로 마주볼 수 없었던 자신의 얼굴이었다.

가장 정답거나 가장 꺼려지거나

세상에서 가장 바라보고 싶은 눈은 어떤 눈일까? 이 질문에 대해 누군가는 티 없이 맑고 투명한 아기의 눈이라고 답할 것이고, 누군가는 매력적으로 눈웃음치는 아름다운 미녀의 눈이라고 답할 것이다. 개중에는 늘 어설프고 서투른 나를 보살펴주는 어머니의 인자한 눈이나 나만을 사랑하는 연인의 흔들리지 않는 눈동자를 꼽는 이도 있을 것이다. 사실 이 질문은 무의미하다. 사람마다 자신이 바라보고 싶은 눈에 대한 선호도도 제각각일 테니. 하지만 가장 바라보고 싶지 않은 눈에 대한 답은 대체로 일치한다.

그중 하나는 아마도 '몸에서 떨어져 나온 눈'일 것이다. 하지만 관찰하는 이의 입장에서 그보다 더 좋은 눈은 없다. 일상에서는 전혀 볼 수 없는 눈의 뒤쪽 — 이에 더해 안쪽 — 까지 관찰하려면 원래 있던 자리에서 떨어져 나와야 할 테니. 눈으로 직접 보는 눈은 과연 어떤 모습일까?

기회는 우연찮게 온다고 했던가. 우연히 연이 닿은 아주대 해부학 교실 정민석 교수님을 통해 사람의 눈을 직접 관찰할 수 있는 기회를 얻게 되었다. 의대 해부학 실험 실습 시간에 참관을 허락받은 것이다. 약속한 날, 늦지 않게 약속한 장소에 도착했다. 의과대학의 해부학 실습실(이하 실습실) 문 앞에 서자, 긴장감과 호기심으로 손끝이 차가워지는 듯했다. 동물해부학 조교와 신약개발연구원으로 일하면서 토끼와 쥐의 해부는 못지않게 해봤지만, 실제 사람의 해부를 접해본 적은 없었다. 하지만 긴장된 손으로 연 문 뒤에서 보인 건 지금까지 걸어온 것과 똑같은 — 하지만 너댓 걸음밖에 안 될 정도로 짧은 — 복도와 똑같은 또 다른 문이었다. 예상과는 다른 광경에 안도감과 허무함이 절반씩 밀려들었다.

실습실은 두 개의 문을 통해 들어가도록 만들어져 있었다. 대부분 실습이 이루어지는 동안 해부실의 문은 잠겨 있지 않다. 그렇기에 혹시나 누군가가 실수로 문을 열 수도 있고, 오가는 사람들의 부주의로 문이 덜 닫히면서 내부의 풍경이 의도치 않게 노출될 가능성이 충분하다. 그래서 적당한 거리를 두고 지어진 두 개의 문은 순간적인 착각이나 실수로 내부의 상황이 새어나오는 것을 방지하는 기능을 했다.

두 번째 문을 열자 그 틈으로 냄새가 먼저 비집고 흘러나왔다. 결코 향기롭다고 말할 수 없지만, 그렇다고 역겹다고 말하기에는 조금 부족한 냄새. 더 이상 살아 있지 않은 몸에서 풍기는 체취가 시신을 방부처리 할 때 사용하는 방부액과 더해져 만들어지는 그 무엇. 정 교수님의 말처럼 '실습실 냄새'라는 고유명사로밖에는 설명할 수 없는 그런 냄새였다. 먼저 코가 냄새에 익숙해지자 그제야 내 눈은 내가 있는 곳이 어디인지, 그곳에 있는 사람들이 무엇을 하고 있는지에 대한 시각적 정보를 뇌로 전달해주기 시작했다.

사람들은 해부학 실습실에 대해서 호기심과 무서움을 반쯤 버무린 채 다양한 상상을 하곤 한다. 음침하고 어두운 방 안, 숨만 쉬지 않을 뿐 살았을 때와 별다른 차이가 없는 시신들이 줄줄이 누워 있고, 날카로운 메스가 그들의 몸을 가를 때마다 붉은 피가 줄줄 흘러내리는 광경 말이다. 하지만 실제 실습실 조명에 대한 첫 느낌은 눈이 부실 정도로 밝다는 것이었다. 그늘이 생기지 않는 밝은 조명이어야 카데바(해부용 시신)의 조직과 미세 구조물들을 정확히 구별할 수 있기에 실습실의 조명은 밝고 그늘이 지지 않도록 설계되었기 때문이다.

시신의 모습도 마찬가지였다. 카데바는 완벽한 방부처리 과정을 거친 뒤에 해부대에 올려지기 때문에 피부를 비롯한 전신이 황녹색으로 변색되어 살아있을 때의 몸과 완연히 구별된다. 이 과정에선 미리 혈액도 제거되므로 피가 튀는 일도 없다. 오히려 실습실에서 가장 눈에 띈 건 카데바가 아니라, 그 앞에 옹기종기 모여 있는 학생들의 뒤통수들이었다. 이들은 시신에 거의 닿을 듯이 얼굴을 바짝 맞대고 있는데, 자신들이 해부한 부위의 혈관 하나, 신경 한 가닥도 놓치지 않기 위해 동맥은 붉은색, 정맥은 초록색, 신경은 노란색 등 다양한 색실을 이용해 표지하는 데 여념이 없었다.

안구를 보다

내게 주어진 중요한 미션은 내가 바라는 것을 자세히 볼 만큼 가까우면서도 최대한 그들의 움직임을 방해하지 않는 곳에 자리 잡는 것이었다. 의대생이 아닌 내게 카데바에 손을 댈 권한은 없으니까. 이전 실습의 결과로 카데바의 얼굴 부위는 콧날 근처에서 횡으로 잘려져 뇌가 적출된 상태였지만 아직 눈은 남아 있었다. 반쯤 감긴 눈꺼풀과 회색으로 변한 속눈썹 사이로 안구가 보였다. 저 눈이 마지막으로 본 것은 무엇이었을까. 그런 생각이 드는 사이, 수술용 장갑을 낀 학생의 손이 조심스레 안구를 적출했다.

막 적출된 안구는 흔히 영화 등에서 묘사되는 것처럼 매끈한 탁구공 모양이라기보다는 안구의 절반 이상이 뒤쪽에 끈이 달린 그물 같은 구조물에 들어있는 모습이었다. 끈은 안구에서 뇌로 이어지는 시각신경 다발이고, 치밀한 그물 조직은 눈을 둘러싼 근육들이었다. 하나의 안구에는 여섯 개의 근육들이 붙어 있어 안구의 움직임을 관장한다. 우리가 고개를 움직이지 않고도 시선만 돌려서 곁눈질을 하거나 한눈을 팔 수 있는 이유는 이 때문이다. 만약 근육 자체나 이들을 관장하는 신경에 문제가 생긴다면 원하는 방향으로 시선을 둘 수 없게 되는데 이것이 뚜렷하게 드러나는 것이 사시斜視다.

하지만 몇몇 예외를 제외하고 이 근육들은 대부분 자신의 의지로 얼마든지 움직일 수 있다. 단순히 상하좌우뿐 아니라, 좌측 아래 45도 지점이라던가 10시 방향 위쪽으로 시선을 돌리는 것도 가능하다. 심지어 안구 근육을 잘만 사용해도 개인기 ─ 개그맨 이경규 씨는 이 분야의 독보적 존재다 ─ 를 하나 만들 수 있을 정도다. 이 근육들이 더 기특한 것은 굳이 의식하면서 움직이려고 하지 않더라도 알아서 제 역할을 수행한다는 것이다.

대표적인 경우가 책을 읽을 때이다. 아무 책이나 펴서 한 글자에 눈의 초점을 맞춰보라. 우리가 한 번에 글씨를 인식할 수 있는 초점 범위는 생각보다 좁다. 이는 인간의 눈에서 실제 시력을 담당하는 중심시력의 범위가 매우 좁기 때문에 일어나는 현상인데, 책을 제대로 읽기 위해서 우리는 끊임없이 안구를 움직여 초점을 변화시켜야 한다. 즉, 우리는 책을 읽을 때 점차적으로 시선을 왼쪽에서 오른쪽으로 평행하게 움직여야 하며, 한 줄을 다 읽은 뒤에는 빠른 속도로 오른쪽에서 왼쪽 끝으로 시선을 돌리면서 동시에 조금 아래쪽으로 내려가야 한다. 이것이 가능하다는 것은 내 안구를 붙잡고 있는 근육들이 제 역할을 다하고 있다는 의미이다. 만약 인지력에 문제가 없음에도 책을 읽을 때 글자를 하나하나 손으로 짚어가며 읽어야 한다거나, 한 줄을 다 읽은 뒤 읽던 줄로 다시 돌아오는 현상이 자꾸 되풀이된다면 이 근육의 미세한 조절에 문제가 있을 수도 있다.

학생의 메스는 안구에서 근육을 제거해 나갔다. 드디어 여섯 개의 근육이 모두 제거되고 안구가 드러났다. 근육을 제거한 뒤, 완전히 자신의 모습을 드러낸 안구에 대한 첫 느낌은 생각보다 '작다'는 것이었다. 사람 안구의 평균 직경은 24밀리미터로, 골프공(42.67밀리미터)이나 탁구공(40밀리미터)보다 훨씬 작다. 저 작은 것으로 세상을 모두 볼 수 있다는 것이 새삼 신기할 정도였다. 날카로운 메스가 다시 지나가자 결막과

II. 눈을 보다

공막이 절개된 틈으로 투명한 물과 같은 형태의 유리체가 흘러나왔다. 안구의 내부를 채우고 있는 일종의 충전재인 유리체는 젊은 시절에는 반고체형의 젤리 같지만, 나이가 들면 물성이 변해 물처럼 액체 형태로 변한다. 기증된 시신이 고령임을 감안할 때 자연스러운 일이었다.

안구의 모양을 잡아주는 유리체가 흘러나오자 안구는 둥근 형태를 잃고 바람 빠진 주머니처럼 변했다. 잘라진 틈새로 안구를 뒤집자 눈동자 쪽에 붙어 있는 수정체가 보였다(수정체라기에는 투명성이 떨어졌지만). 발생학적으로 수정체는 안구와 따로 발달된 구조물이지만, 모양체에 의해 단단하게 붙어 있기에 안구를 뒤집어도 저절로 떨어져 나오지 않았다. 수정체가 있는 반구와 반대쪽 안구 내벽은 망막이었다. 망막 가운데에서 약간 아래쪽에 주변보다 조금 짙은색의 점이 보였다. 황반이었다. 인간의 감각 중에서 시력이 차지하는 비율이 약 80퍼센트라면, 그 시력의 90퍼센트 이상을 책임지는 곳이 바로 황반이다. 하지만 황반의 크기는 겨우 지름 3밀리미터. 그 3밀리미터가 우리가 인식하는 세상의 3/4을 담당하고 있는 것이다. 그토록 작은 부위에 우리가 인식하는 세상의 대부분을 기대고 있다는 사실은 새삼 진부하지만, 생명의 신비로움을 온몸으로 보여주고 있었다.

참관을 마치고 집으로 돌아오는 중에도 실습실 냄새가 여전히 주위를 떠돌았다. 그리고 그 경험은 '보고 싶지 않은 눈'이라고 함부로 단정했던 생각의 수정으로 이어졌다. 몸에서 떨어져 나온 눈은 ─ 그것이 범죄의 결과물일 때는 여전히 마주치고 싶지 않지만 ─, 더 이상 눈길을 피해야하는 존재가 아니었다. 비록 마지막으로 눈꺼풀이 감긴 이후 그의 눈은 그와 오랫동안 한몸이었던 뇌에게는 어떠한 정보도 전달해줄 수 없었지만, 그 눈을 보는 이들에게는 그곳이 아니면 절대 알 수 없는 많은 것을 눈으로 전달해주었다. 그렇기에 그 눈은 보고 싶은 것을 강제로 빼앗긴 눈이 아니라, 더 이상 볼 수 없음에도 마지막까지 더 많은 것을 보여주기 위해 몸에서 떨어져 나오는 고통을 기꺼이 감내한 아름다운 눈이었다.

문득 오이디푸스의 이야기가 다시 떠올랐다. 아마도 그가 눈이 어떤 존재인지 알았다면, 아니 자신의 눈이 얼마나 작은지 보았다면 어땠을까. 애초 그토록 작은 눈으로 이 세상을 모두 볼 수 없다는 사실을 알았다면 자신에 대한 믿음을 좀 더 유지할 수 있지 않았을까. 하지만 눈이 도려내진 자는 더 이상 눈이 없기에 자신의 눈이 얼마나 작고 연약한 존재인지 볼 수 없었을 것이다.

눈의 유리창: 각막

우리는 늘 타인의 눈을 본다. 하지만 정작 이 모든 것을 보는 자신의 눈을 스스로 볼 수 있는 기회는 드물다. 나의 눈은 어떤 모습일까. 나는 어떤 눈으로 세상을 바라보고 있는가. 이 의문은 평소에는 멀리 지냈던 안과 검진실로 나를 이끌었다.

나의 눈은 정상적으로 작동하고 있을까. 접수를 하고, 안내를 받고 여러 가지 기계에 눈을 들이댔다. 기계와 연결된 대형 모니터를 통해 커다란 눈동자가 떠올랐다. 흰자위 가장자리에 핏발이 선 갈색 눈동자가 나를 바라보고 있었다. 내가 모니터 쪽으로 눈을 돌리면 모니터 속의 눈도 움직였다. 마치 끝없는 평행 세계를 보여주는 두 장의 거울 사이에 있는 느낌이었다. 내 눈이 내 눈을 보고 있다니.

우리는 눈을 통해 세상을 본다. 세상을 있는 그대로 보기 위해서는 그 장치인 눈 역시 세상의 모습을 가리는 방식으로 만들어져서는 안 된다. 색이 있거나 굴곡이 있으면, 이를 통과한 빛은 색이 덧입혀지거나 휘기 마련이다. 그래서 눈에서 빛을 받아들이는 부분은 가장 투명하고 불필요한 왜곡이 없어야 한다. 눈에서 빛을 통과시키는 유일한 부분인 동공 자체는 하나의 구멍이며 동공이 형성되는 중간에 놓인 각막과 수정체가 그토록 투명한 것도 이런 이유에서다.

눈의 다양한 구조들

눈이 마음의 창이라면 각막은 그 창의 유리와 같은 기관으로 눈의 가장 바깥쪽에서 눈을 감싸고 있는 외피의 일종이다. 하지만 대개의 창이 외벽의 전부를 차지하고 있지 않듯 눈의 외피인 각막 역시 안구 앞쪽의 1/6만을 차지하며, 나머지 5/6은 공막이라고 불린다. 공막은 치밀한 섬유조직으로 흰색을 띠는데, 홍채를 제외한 눈의 대부분이 흰색으로 보이는 이유가 바로 이 공막이 흰색이기 때문이다. 그러니 비유해보면 눈은 공막이라는 흰 벽에 뚫린 투명한 각막의 창으로 세상과 연결된 셈이다.

각막은 눈이라는 창의 유리 역할을 해야 하기 때문에 좋은 유리창의 특성을 모두 만족시켜야 한다. 첫 번째, 유리창은 외부를 잘 내다볼 수 있도록 맑고 깨끗해야 한다. 적어도 각막은 첫 번째 조건만큼은 제대로 수행하고 있다고 볼 수 있다. 각막은 우리 몸에서 가장 투명한 조직이다. 각막이 이렇게 투명한 것은 각막을 이루는 성분들의 구조가 균일하고 혈관이 없기 때문이다.

눈을 자세히 살펴보면 흰자에서는 붉은 실핏줄을 찾는 것이 어렵지 않지만, 눈동자 부분에서는 혈관이 보이지 않는다. 검은색이어서 가려져서 안 보이는 것이 아니라 아예 존재하지 않는다. 각막에 혈관이 존재한다면* 혈관 내부의 적혈구나 혈관 자체가 시야를 가릴 수 있지만 그런 것이 없기에 우리는 붉은색 필터나 검은 그림자 없이 세상을 볼 수 있는 것이다.

각막이 투명한 시야 확보를 위해 혈관을 포기한 것은 각막의 다양

---

* 간혹 눈에 질병이 생기면 일종의 방어 작용으로 각막에 혈관이 생성되는 경우도 있는데, 이 각막신생혈관은 오히려 질병 치료에 방해가 되거나 시력 저하의 원인이 된다. 원래는 중요한 역할을 하는 혈관이라도 각막처럼 처음부터 혈관이 없었던 곳은 없는 상태로 그대로 유지되는 것이 더 좋다.

한 특성들의 바탕이 되었다. 각막은 살아 있는 신체의 일부이므로 제 기능을 하기 위해 끊임없는 영양분과 산소의 공급이 필요하다. 보통의 신체에서는 혈액이 이 기능을 담당해주지만, 혈관이 없는 각막은 이것이 불가능하다. 따라서 각막은 공막과 연결된 가장자리 부위에 풍부하게 분포된 혈관과 눈물로부터 영양분을 공급받고, 각막 표면과 맞닿은 대기 중에서 직접적으로 산소를 추출해 생존을 이어간다. 이런 각막의 특성은 콘택트렌즈를 사용하는 경우 쉽게 눈이 피로해지고 충혈되는 이유를 설명할 수 있게 한다.

렌즈가 각막을 덮어버리면 세상은 좀 더 또렷하게 보이겠지만, 각막이 늘 접하고 있던 대기와 눈물과의 접촉이 차단되어 산소를 충분히 흡수하거나 영양분을 추가로 공급하기가 어려워진다. 이렇게 숨쉬기 힘들고 배고파진 각막은 당연히 쉽게 피로해지고 공막은 책임감을 느끼고 각막에게 영양분을 더 공급하기 위해 모세혈관을 확장시키므로 이는 눈의 충혈로 이어진다. 여기에 더해 렌즈 자체가 안구 건조증의 원인이 되기도 하므로 이래저래 각막은 피곤해진다. 요즘에는 산소투과율이 높고 안구 건조증을 덜 유발하는 재질로 만들어진 렌즈와 함께 인위적으로 눈을 적셔줄 수 있는 인공 눈물도 나와 있으니 자신의 눈 상태에 맞게 적절히 사용하는 것이 좋다.

각막, 그늘지거나 어두워지거나

혈관이 없다보니 각막에 상처가 나면 쉽게 치유되지 않는다. 각막의 두께는 불과 0.4~0.6밀리미터 정도밖에 되지 않지만, 하나의 단일층이 아니라 5개의 층으로 구성된 복잡한 존재이다. 이중 가장 바깥쪽의 각막상 피층은 7일에 한 번씩 교체되므로 상처가 나더라도 새로운 각막상피로 대체돼 큰 문제가 남지 않지만, 그 안쪽의 층들은 대개 상처가 나면 영구적인 흉터로 남는 경우가 많다. 각막에 흉터가 생기거나 혹은 각막질환으로 생긴 염증이 제대로 치료되지 못하고 남아버리면 각막이 흐려지고 불투명해져 시각에 문제가 생기고, 심하면 실명으로 이어지기도 한다. 유리 표면을 갈아서 미세한 상처를 내면 안이 들여다보이지 않는 불투명 유리가 만들어지는 것과 마찬가지다. 불투명 유리를 아무리 깨끗이 닦아도 다시 투명해지지 않듯 한 번 혼탁해진 각막도 다시는 투명하게 되돌아오지 않는다. 이 경우 다시 창을 맑게 만들기 위해 유리창을 다른 것으로 갈아끼워야 하는 것처럼, 각막 혼탁으로 인한 실명을 해소하기 위해서는 각막을 다른 이의 것으로 대치하는 각막이식술이 필요하다.

각막에 혈관이 없다는 것은 역으로 각막 이식을 받아야 할 때는 장점으로 작용한다. 혈관이 없기 때문에 이식 시 면역학적 거부반응도 거의 일어나지 않기 때문이다. 내 것과 네 것을 가리지 않는 각막의 이런 까다롭지 않은 특성으로 인해 각막이식은 신체 이식 중 가장 최초로 성공한 이식*이며, 1904년 첫 성공을 거둔 이래 수많은 사람들을 어둠으로부터 해방시켜 주었다. 두 번째로 각막은 눈의 외부에 노출된 조직이기에 그만큼 눈을 지키는 든든한 방벽의 역할을 수행해야 한다. 일단 세균에 대한 저항은 눈물 속에 든 다양한 향균 물질이 각막을 늘 적셔줌으로써 일차적인 대비를 해둔 상태지만 이것만으로는 부족하다. 유리창이 깨지

최초의 장기 이식은 1954년 이루어진 일란성 쌍둥이 간의 신장 이식이었으며, 완벽한 타인으로부터의 장기 이식이 가능해진 것은 면역 억제제가 개발된 1980년대 이후의 일이다. 하지만 아무리 면역 억제제를 사용한다고 하더라도, 기본적인 조직형이 일치되어야만 이식이 가능하다.

기 쉽듯 각막 역시 그다지 튼튼하거나 질긴 조직이라고는 할 수 없다. 그래서 각막이 취한 전략은 '예민한 경보 장치'이다.

대개의 가정집에도 외부 침입자들에 대비하기 위한 경보 장치는 주로 창문에 설치한다. 정신이 제대로 박힌 도둑이라면 벽을 뚫기보다는 유리창을 깨기 때문이다. 경보 장치는 비록 유리창이 깨지는 것 자체를 막지는 못하지만, 유리창이 조금이라도 움직이면 시끄러운 경보음을 울려 침입자가 안으로 들어오는 것을 망설이게 만들 수 있고 지원군을 요청할 수도 있다.

마찬가지로 각막에는 아주 미세한 자극도 감지해 반응하는 통각신경의 말단들이 무수히 존재하는데 이들이 눈의 경보장치로 작용한다. 이들은 매우 예민해서 티끌 하나, 먼지 하나의 자극에도 재빠르게 반응해 통증을 느끼게 한다. 피부에 문질러도 아프지 않은 고운 모래알이 단 하나만 눈에 들어가도 극한의 고통이 느껴진다던가, 입 안에서는 먹을 만하던 매콤한 김치찌개 국물이 눈에 튀면 타는 듯한 고통이 느껴지는 이유도 이 때문이다.

유리창이 왜곡 없이 외부 풍경을 내부로 끌어들이기 위해서는 유리창의 두께가 균일해야 한다. 한쪽은 두껍고 한쪽은 얇다면 풍경이 어딘가 일그러지기 마련이니까. 이 점에서 각막은 이 원칙과 맞지 않다. 각막은 가운데가 좀 더 얇고(0.4밀리미터) 가장자리가 두꺼운(0.6밀리미터) 모양을 띄고 있기 때문이다.

얼핏 좋은 유리창의 조건과 맞지 않는 듯하지만, 눈의 모양이 집의 외벽과는 달리 구형求刑이라는 것을 인식하면 오히려 필요한 구조가 된

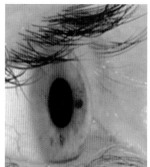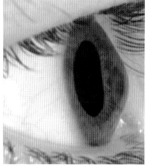

다. 실제로 각막은 두께는 균일하지 않으나 두께의 비율은 일정해서 상이 이지러지는 것을 막아준다. 이 두께의 비율이 깨지는 순간 문제가 일어나는데, 대표적인 현상이 원추각막이다.

원추각막은 원래는 완만한 곡면을 이루어야 하는 각막이 원뿔처럼 튀어나오는 증상을 보이는 질환으로, 각막 중앙 부분이 얇아지는 것이 원인이다. 각막의 중앙이 얇아지면 이 부위가 늘어나는데다 내부 압력 등으로 인해 뾰족하게 튀어나오게 되는데, 이러한 각막의 모양 변화는 방치하면 시력이 저하되고 심하면 실명할 수도 있다. 하지만 제때 발견해 치료하거나 심할 경우 각막 이식을 받으면 다시 시력 회복이 가능하다.

오래 전 영화 〈퐁네프의 연인들〉의 주인공 미쉘(줄리엣 비노쉬 분)은 화가였으나 점점 시력이 나빠져 실명 위기에 놓여 절망하게 되는데, 그녀의 눈에서 색을 앗아간 질병이 바로 점점 뾰족해지는 눈, 즉 원추각막 증상이었다. 그래서 영화 말미에 그녀는 다시 시력을 되찾고 눈이 안 보일 때와는 달리 매우 깨끗해진 모습으로 등장한다.

각막, 눈의 안경으로 작용하다

눈에서 굴절 이상이 나타나면 시력이 떨어진다. 이에 대응하는 방법은 굴절 이상을 상쇄하는 렌즈를 이용하는 것이다. 굴절 이상이 나타나는 이유는 눈의 크기와 수정체의 두께 불균형 때문이다. 눈이 길거나 수정체가 두꺼우면 빛이 급격히 꺾여서 먼 곳이 흐릿해지고, 눈이 짧거나 수정체가 얇으면 빛이 적게 꺾여서 가까운 곳이 어른거린다. 타고난 눈의 크기 자체를 늘리거나 줄일 수도 없고, 그렇다고 수정체의 두께를 강제로 바꿀 수도 없으니 이들을 조절해 시야를 확보하는 건 쉽지 않다. 하지만 가능한 것도 있다.

수정체 앞에 놓인 각막의 두께를 변화시켜 빛이 꺾이는 각도를 조절하는 것이다. 즉, 각막을 오목렌즈 형태로 깎아서 처음부터 수정체로 들어가는 빛의 각도를 변화시킴으로써 초점의 위치를 뒤로 밀어 망막에 닿게 만드는 것이다. 이것이 바로 라식이나 라섹과 같은 시력 교정술이다. 라식과 라섹은 각막을 깎아서 오목렌즈를 만든다는 점에서는 동일하지만, 라식이 각막 상피를 뚜껑처럼 얇게 잘라 열고 그 안의 각막 실질을 깎고 뚜껑을 다시 덮는 것이라면, 라섹은 각막 상피만 살짝 벗겨낸 다음 깎아내는 것이다.

세부 방법이야 어떻든 각막을 깎아내서 눈에 직접 오목렌즈를 만들어주는 원리이기 때문에, 각막이 얇을수록 깎아내기가 어렵고, 근시가 심할수록 각막을 더 많이 깎아내야 하니 조심스러워질 수밖에 없다. 따라서 선천적으로 각막이 지나치게 얇거나 혹은 후천적 질환 등으로 인해 얇아진 경우는 당연히 시력 교정술을 받기 어려우며, 매우 심한 고도근시라면 시력 교정술을 받아도 시력이 생각만큼 호전되지 않을 수 있다. 유리창이 두껍고 어른거리니 갈아서 얇게 만드는 것은 좋지만, 지나치게 갈게 되면 유리창 자체가 깨질 수 있기 때문이다.

　이렇게 각막을 깎아 시력을 조정하므로 약간의 빛 번짐과 눈부심은 필연적인 부작용이 될 수밖에 없다. 시력 교정술에서는 각막 전체를 깎는 것이 아니라 각막 중심부만 깎는다. 그래야 오목렌즈 모양이 형성되기 때문이다. 빛이 밝은 낮에는 홍채가 오므라들고 동공이 좁아지므로 빛은 각막의 깎인 부위로만 통과할 수 있어 세상이 환하게 잘 보인다.

　경험자의 말에 따르면 시력 교정술을 받으면 "심봉사가 눈을 뜬 느낌"이 들 정도로 만족도가 높다고 한다. 하지만 밤이 되면 달라진다. 밤이 되면 빛이 부족해지므로 자연스럽게 홍채가 이완되어 동공이 커지고, 이렇게 커진 동공은 깎아내지 않은 각막 가장자리 부분까지 커지게 된다. 그럼 동공의 가장자리 부분을 통해 들어온 빛은 이전과 마찬가지로 정상적인 위치에 초점을 맺지 못하니 빛이 번져 보이는 현상이 나타나는 것이다.

여기, 두 살 때 사고로 시력을 잃은 여성이 있다. 온통 암흑 속에 갇힌 듯한 그녀의 삶에 한 줄기 빛이 비친 것은 그녀가 스무 살이 되던 해였다. 누군가가 기증한 각막을 이식받을 기회를 얻게 된 것이다. 빛만 되찾으면 세상을 다시 얻을 수 있을 줄 알았지만 현실은 달랐다. 이식을 받은 뒤 그녀의 눈에는 알 수 없는 영상들이 비치고, 거울에 비치는 모습조차도 자신의 것이 아니라는 끔찍한 공포에 시달리게 된다. 그리고 그녀는

　　　　　　　　　　　　　　　　　　　　　　　　　Ⅱ. 눈을 보다

곧 깨닫는다. 자신이 지금 보고 있는 것은 자신이 아니라, 자신에게 각막을 기증한 망자가 보았던 장면이라는 사실을.

태국 영화 〈디 아이〉의 줄거리는 대략 이렇다. 이 영화에서 소재로 삼은 각막 이식을 통해 죽은 자의 기억과 시야가 전이된다는 이야기는 공포 장르에서는 꽤 매력적인 소재인 듯하다. 같은 제목의 리메이크 영화가 만들어질 정도면 말이다.

현재까지 눈에서 이식될 수 있는 부위는 눈 전체가 아니라, 직경 1센티미터 남짓의 얇은 각막뿐이다. 눈이라는 집 전체가 아니라 유리창만 갈아 끼울 수 있다는 것이다. 그래서 각막 이식을 받는다고 해서 기증자의 기억과 시야가 전달되는 것은 영화적 상상력일 뿐이다.

다만 이 영화를 보다 보면 진정으로 무서운 것은 아무것도 볼 수 없다는 것이 아니라, 보여서는 안 되는 것을 보거나 존재해서는 안 되는 것을 보는 능력이라는 사실을 깨닫게 된다. 남들이 보지 못하는 것을 보는 것은 확실히 좋은 일지만, 내 눈에 보인다고 해서 존재하지 않는 것을 존재한다고 착각하는 것 또한 곤란하다는 사실도(물론 영화의 주인공은 전자 쪽에 속하지만) 알아야 한다.

우리는 종종 얼룩이나 손자국이 가득 난 창으로 세상을 내다보면서, 바깥 세상이 더럽고 혼란스러운데다 희끄무레한 유령들이 난무하는 곳일 거라 생각한다. 아마도 각막이 투명하고 예민하고 둥글고 일정한 것은 눈의 유리창 역할을 제대로 해내기 위한 생물학적 준비일 것이다. 그 투명한 각막이 보는 세상을 마음의 눈으로도 제대로 보길 바란다면, 먼저 마음의 유리창에 묻은 먼지와 얼룩을 깨끗이 닦아내는 것이 필요하다. 내 마음의 얼룩이 세상의 얼룩으로 투영되어 존재하지 않는 것을 보게 되는 것은 원치 않을 테니까.

눈의 반점, 눈이 숨긴 지뢰

몇 년 전 한 TV 프로그램에서 안타까운 소식을 접했다. 어느 젊고 똑똑한 청년이 시력 교정을 위해 라식 수술을 받았다가 부작용으로 시력을 잃고 실명 위기에 처했다는 이야기였다. 좀 더 맑고 깨끗한 세상을 보기 위해 받았던 시력 교정술이 그나마 볼 수 있던 흐릿한 세상마저 앗아가 버렸다니. 악몽 중에서도 끔찍한 악몽이다. 특히 각막 교정술이 아벨리노 이영양증Avellino corneal dystrophy*과 맞물릴 때 이런 악몽이 현실화될 가능성이 커진다.

'아벨리노 이영양증'이라 이름 붙여진 다소 낯선 이 병명은 1988년 이탈리아 아벨리노 지방에서 이민 온 가족들에게서 처음 발견되어 붙여진 이름으로, 정식 명칭은 '제2형 과립형 각막이상증'이다. 'bigh3'라는 이름의 유전자 이상으로 나타나는 유전성 질환으로, 이 유전자를 가진 사람의 경우 맑고 투명해야 하는 눈의 각막에 작은 과립들이 형성되는 증상이 나타난다.

낯선 이름과는 달리 매우 흔한 유전자 이상이어서, 우리나라의 경우 약 870명 중의 1명 꼴로 이 고장난 유전자를 가지고 있다고 알려져 있다. 우리나라 인구가 5,000만이라고 하면 약 6만 명 정도의 사람들이 이 유전자를 보유하고 있다는 결론이 나온다.

사람은 부모로부터 각각 유전 정보를 한 세트씩 물려받기 때문에 동일한 유전자를 1쌍(2개)씩 지니게 된다. 아벨리노 이영양증의 원인이 되는 'bigh3' 유전자 역시 마찬가지인데, 유전자 두 개가 모두 고장 난 경우에는 유아기부터 눈에 과립이 쌓이기 시작해 빠른 속도로 눈이 혼탁해져 금방 드러

---

*   http://www.avellino.co.kr/

118

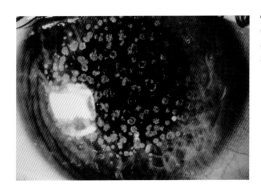
아벨리노 이영양증을 가진 환자의 눈동자. 각막 안에 불투명한 과립들이 잔뜩 쌓인 것이 보인다.

나지만, 유전자가 하나만 고장 난 경우에는 십대 시절 이후부터 과립이 한두 개 씩 만들어지고 쌓이는 속도도 느려서 대부분 별다른 자각 증상을 느끼지 못한 채 평생 살아간다. 그런데 이런 경우에 문제가 될 수 있다.

'bigh3'유전자 두 개가 고장 난 경우 육안으로도 각막이 혼탁해진 것이 뚜렷이 보이기 때문에 오히려 눈에 뭔가 인위적 시술을 할 가능성이 낮지만, 'bigh3'유전자가 한 개만 고장 난 경우에는 자칫 한두 개의 과립들을 못 보고 지나쳐 수술을 시도할 수 있기 때문이다.

하지만 아벨리노 이영양증을 가진 사람들에게 라식이나 라섹 수술은 눈 속의 지뢰를 터뜨린 것과 같다. 각막에 상처가 나면 이 상처를 중심으로 과립들이 걷잡을 수 없이 증식하기 때문이다. 라식이든 라섹이든 각막을 깎아 상처를 내는 것이므로, 이는 얌전히 숨죽이고 있던 아벨리노 이영양증 유전자를 깨워 날뛰게 만든다. 라식과 라섹이 도입되던 초기에는 아벨리노 이영양증과 시력 교정술과의 연관성이 미처 알려지지 않았기 때문에 이들 병증을 가진 사람들도 종종 수술을 받았고, 그로 인한 엄청난 후유증을 겪게 되었다.

하지만 이것 때문에 시력 교정술을 꺼릴 필요는 없다. 현재는 이와 관련된 유전자가 밝혀졌고, 이 유전자를 가지고 있는지를 검사하는 간단한 검사법도 나와 있어 수술을 받기 전에 미리 유전자 검사를 통해 불행의 가능성을 제거하고 있으니까.

눈의 조리개: 홍채

파란 눈을 가진 사람은 세상이 파랗게 보일까. 어린 시절 그런 생각을 했던 기억이 난다. 하지만 얼마 되지 않아 그것이 말도 되지 않는다는 결론에 이르렀다. 만약 눈의 색에 따라 세상이 달라 보인다면 검은 눈을 지닌 내게 세상은 온통 검게 보여야 할 테니까. 또 다른 의문이 떠올랐다. 가장 어두운 색인 검은 눈을 지닌 내가 보기에도 세상은 이토록 밝고 환한데, 그보다 밝은 색인 파란색이나 초록색 눈을 지닌 사람의 눈엔 세상이 더욱 밝고 환하게 보이는 건 아닐까.

사람은 그다지 화려한 존재가 아니다. 온갖 화려한 색의 깃털을 자랑하는 새나 그림 물감처럼 선명한 몸 빛을 뽐내는 물고기에 비해 사람은 손발바닥을 제외하고는 모두 같은 색으로 이루어진 피부를 지녔으니까. 그것도 멜라닌의 함유량에 따라 우유와 에스프레소의 사이에 놓일 수 있는 색들만 나타날 수 있다. 하지만 눈은 다르다. 갈색과 검은색이 가장 흔하기는 하지만, 파란색, 초록색, 노란색, 회색 등 제법 다채로운 색을 띠는 곳이 눈이다. 그 눈의 색을 만드는 곳이 바로 홍채다.

홍채虹彩,iris란 이름을 풀이해보면 '무지개虹 색彩을 띠는 곳'이라는 뜻이다. 인간의 몸에서 가장 다채로운 색을 가질 수 있는 부위가 홍채임을 옛사람들도 알고 있었던 모양이다. 흔히 홍채의 색은 멜라닌 색소의 양에 의해 결정된다고 하지만 실제 홍채의 색은 멜라닌 색소의 양뿐 아니라, 홍채의 결, 섬유조직, 안구 내부의 혈액과의 조합에 의해서 결정되어 더욱 다양하게 나타난다. 멜라닌 색소는 황색에서 검게 보이는 짙은 갈색까지의 색 스펙트럼을 나타내기 때문에, 멜라닌 색소의 양에 따라 노란색 눈 — 갈색 눈 — 검은색 눈이 나타나는 건 쉽게 이해할 수 있다.

하지만 멜라닌의 양을 아무리 조절해도 파랑색은 나오지 않는다. 그렇다면 그들에게는 파란색을 나타내는 색소가 있는 걸까? 사실 인간뿐 아니라 포유동물의 경우 파란 색소를 만드는 유전자를 가진 동물은 없다. 파란 스머프는 물론이거니와 파란 말이나 파란 고양이를 볼 수 없는 이유가 이 때문이다. 하지만 사람의 눈은 꼭 색소가 있는 경우에만 색을 볼 수 있는 것은 아니다. 우리는 색소가 없어도 색을 볼 수 있다. 하늘이 푸르고 노을이 붉다고 느끼는 것은 이 때문이다.

땅 위에서 올려다 본 하늘은 푸르지만, 실제로 비행기를 타고 올라간 하늘 위의 대기는 파란색이 아니라 땅 위에서처럼 무색투명하다. 바닷물도 마찬가지다. 넘실거리는 파도는 푸르게 보이지만, 바닷물을 한 컵 떠 보면 늘 투명한 물이 담길 뿐이다 — 만약 색이 있다면 그건 녹조 현상의 결과이지 정상적인 바닷물은 아니다 — 이는 햇빛 자체가 우리가 보듯 무색투명하지 않고 햇빛 속에 포함된 다양한 빛의 파장의 길이가 서로 다르기 때문에 일어나는 현상이다.

햇빛을 프리즘을 통해 갈라보면 무지갯빛이 드러난다. 사실 태양의 백색광은 모든 파장의 빛이 합해져서 생겨난 것이다. 이들은 기본적으로 파랑색 쪽으로 갈수록 파장이 짧고 붉은색 쪽으로 치우칠수록 파장이 길어진다. 이런 혼합광인 태양빛은 지구의 대기권을 통과하는 중, 대기 중의 작은 입자들에 의해 각 파장의 빛들이 부딪쳐 산란된다. 파장이 짧다는 건 에너지가 높다는 뜻이기에, 같은 각도로 부딪쳐도 더 강하게 반발한다는 뜻이 된다. 파란빛은 파장이 짧고 에너지가 높기에 그만큼 대기 중 입자들과 더 강하게 부딪쳐 산란하며, 이렇게 부딪쳐 나온 빛이 다시 다른 미세입자들과 부딪치며 하늘 전체를 푸르게 물들이는 것이다.

사람의 눈에서도 비슷한 현상이 나타난다. 일반적으로 홍채 속의 멜라닌은 일종의 주머니 같은 구조물인 멜라닌 과립 속에 존재하는데, 파란 눈을 가진 사람은 멜라닌 과립 속에 멜라닌이 거의 들어 있지 않아 멜라닌에 의한 색은 나오지 않는다. 다만 빛이 홍채에 유입되는 경우, 멜라닌 과립의 미세한 구조에 의해 파란빛이 더 많이 산란되어 눈이 파랗게 보이는 것이다. 백인들 중에는 종종 어릴 때 파란 눈이었다가 커서는 갈색 눈을 가지는 경우도 있다. 이런 경우는 어릴 때는 멜라닌 세포의 기능이 활발하지 못해 홍채 속의 멜라닌 과립이 비어 있어서 파랗게 보이다가, 성장하면서 멜라닌이 채워져 눈 색깔이 갈색으로 변하는 것이다.

유전적 이상으로 인해 멜라닌 결핍증을 가지고 태어난 알비노 아이의 경우에는 이 멜라닌 과립마저 없는 경우도 있다. 이 경우에는 빛은 홍채를 통과해 곧장 안으로 유입되고, 안구 안쪽 혈관의 색이 비쳐서 눈이 붉은빛을 띠게 된다. 하지만 알비노라고 해서 모두 눈이 붉은 것은 아니고 아주 옅은 하늘색 운동자를 지닌 경우도 많다.

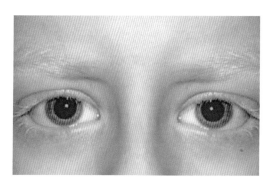

안구 안쪽 혈관의 색이 비쳐서 붉은 빛을 띠는 알비노의 눈.

II. 눈을 보다

홍채, 눈의 조리개

홍채의 1차적 역할은 동공의 크기를 적절히 조절하고 눈 안으로 들어가는 광량을 조절해 우리가 제대로 세상을 볼 수 있게 하는 것이다. 홍채가 만들어낸 구멍, 즉 동공은 눈 내부로 빛이 들어가는 유일한 통로이다. 눈의 내부로 들어가는 빛이 너무 약하면 사물을 구별할 수 없고, 반대로 빛이 너무 강하면 눈이 부셔서 역시나 사물 구별이 힘들다. 따라서 빛이 약하면 홍채를 열어 동공을 크게 하고, 빛이 강하면 홍채를 닫아 동공을 줄여야 눈이 본래의 기능을 수행할 수 있다.

선천성 무홍채증, 즉 홍채가 없이 태어난 아이들이 백내장, 안구 진탕증, 망막중심오목 미형성 등으로 시력이 나빠지는 것은 이 때문이다. 홍채가 빛을 거르고 조절해주지 못하니 과다한 자외선에 노출된 수정체는 백내장이 생기기 쉽고, 밝은 곳에서는 눈부심이 너무 심해서 자꾸만 눈동자를 움직이다보니 안구 진탕증이나 눈동자의 떨림 증상이 심해진다. 또한 동공을 통해 들어온 빛이 한 점에 모여 망막에 중심오목을 형성하게 되는데, 홍채가 없는 경우 동공이 늘 크게 벌어져 있는 상황이 되어 초점이 잘 맞지 않게 되므로 망막중심오목의 형성에도 문제가 생긴다. 홍채는 단지 빛을 가려주는 커튼 역할을 하는 게 아니다. 빛은 세상을 보는 데 있어 매우 중요하지만 더욱 중요한 건 이 빛을 제대로 조절하는 일이다.

이처럼 홍채가 중요한 것은 동공을 형성하기 때문이다. 동공의 색은 누구나 검다. 정확히 말하면 동공 그 자체는 원래 투명하지만, 눈 내부는 일종의 암흑상자이기 때문에 내부의 어두운 그림자 때문에 검게 보

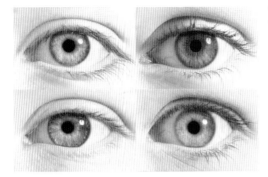

눈의 색은 달라도 동공의 색은 모두 검다.

이는 것이다. 고유한 눈 색을 만드는 것이 동공을 제외한 홍채라는 것은 컬러 렌즈에서 분명히 드러난다. 컬러 렌즈라고 해서 모두 색이 있는 것이 아니라, 동공이 위치한 가운데 부분은 투명하고 가장자리 부위만 색이 들어가 있다. 그래서 파란색 컬러 렌즈를 착용하더라도 세상이 파랗게 보이지는 않는 것이다.

투명해서 내부가 비치는 동공의 이런 특징은 순식간에 귀여운 아기를 사탄처럼 보이게 만드는 적목현상의 원인이 되기도 한다. 이는 어두운 곳에서 플래쉬를 터트려 사진을 찍을 경우, 이미 열려있던 동공 안쪽에 순간적으로 강한 빛이 들어오면서 투명한 동공을 통해 눈 내부의 혈관이 직접 비치면서 나타나는 현상이다. 이때의 붉은 눈은 눈동자 가운데에 동그랗게 만들어진다. 사람의 눈은 홍채 주름이 원형으로 배치되어 있어 동공이 동그란 모양을 띠기 때문이다. 하지만 모두 그런 것은 아니다. 고양이의 경우에는 세로로 길쭉한 동공을 가지지만, 양이나 염소의 경우 가로로 째진 동공을 가지기 때문이다.

동공의 모양은 동물의 습성과 관계가 있다. 미국과 영국의 연구팀

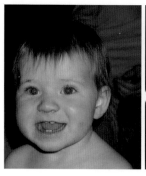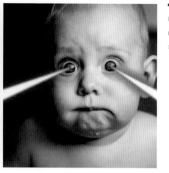

은 동물 214종의 동공을 분석한 결과, 양이나 소, 말 등 초식동물은 좌우의 시야를 넓혀 사냥꾼을 감시하고 눈부심을 방지하고자 가로로 길게 째진 동공을 가지는 경우가 많았다고 발표했다. 초식동물의 가로 눈이 정찰용이라면, 고양이의 세로로 길쭉한 동공은 감시용이다. 고양이는 세로로 긴 동공을 가지고 있다. 아주 어두운 곳에서는 이 동공을 크게 확장시켜 눈동자 전체가 동공으로 보일만큼 크게 확장시킬 수도 있고, 빛이 있는 곳에서는 가늘게 좁혀서 초점을 맞추기 용의하다. 게다가 세로형 동공과 가로형 눈꺼풀의 조합은 눈꺼풀을 내리까는 위치를 조절하여 아주 세밀하게 빛의 유입을 조절하는 것이 가능하다. 거의 눈을 감고 있는 듯한 경우에도 동공이 완전히 덮이지 않아 움직임을 감시하는 데 매우 유리한 눈이다.

홍채를 보다

안구 검사를 하기 위해 눈에 카메라를 대었다. 카메라와 연결된 컴퓨터 모니터에 갈색의 눈동자가 크게 나타난다. 현미경을 이용해 물체를 확대해서 보면 평소에 알지 못했던 새로운 모습이 보인다는 것은 익히 알고 있었지만, 확대해서 마주한 내 눈의 홍채는 역시나 낯설었다.

홍채는 흔히 카메라의 조리개에 비유된다. 우리가 흔히 보는 조리개는 얇은 판이나 빗살들이 겹쳐지면서 틈새의 크기가 조절되곤 한다. 그래서 당연하게도 홍채 역시 그렇다고 상상하곤 했는데, 실제의 모습은 달랐다. 동공과 홍채는 마치 가운데만 구멍을 남기고 코바늘로 뜬 둥근 깔개처럼 보였다. 군데군데 구멍도 뚫린 듯한 모습이었다.

당연하게도 홍채는 신체의 구성 조직이므로 플라스틱판이나 나뭇조각이 아니라 근육과 교원질 섬유들로 이루어져 있으며, 동공의 크기를 조절하기 위한 주름을 가지고 있었다. 내가 본 구멍들과 성긴 조직들은 홍채 주름을 중심으로 한 근육들의 모습이었다. 3차원 입체적으로 쌓인 구조물을 단면만 촬영하다보니 홍채 주름이 마치 구멍이 난 것처럼 보였던 것이다. 흥미로운 것은 홍채 주름이 개인을 구별하는 하나의 지표가 될 수 있다는 점이다.

보통 홍채는 임신 6개월경부터 형성되기 시작하는데, 동공 쪽 1/3 지점에 홍채 주름이 있으며 이곳을 기준으로 안쪽에는 동공괄약근이, 바깥쪽에는 동공산대근이 존재한다. 동공괄약근 영역은 특히나 무늬가 복잡하게 나타나는데 사람마다 다르다. 대부분의 사람들은 여덟 살 정도가 되면 홍채 주름이 완전히 자리 잡히면서 그 패턴이 일정하게 정해진다. 즉, 처음에는 주름이 잡히지 않았던 쥘부채를 같은 방향으로 자꾸만 접었다 폈다 하면 주름골이 생겨서 고착되는 것처럼 말이다.

생체 인식 분야에서 지문이나 정맥 시스템과 함께 홍채 인식 프로그램이 개발되는 이유도 이 때문이다. 지문은 가장 간단하고 손쉬운 개인 인식 방법이지만, 손을 많이 사용하거나 습진을 앓게 되면 마모되고 상처를 입기 쉽고 손의 특성상 흉터 등으로 인해 변형되기도 쉽다(실제로 내 집게손가락 지문도 출산 이후 고생했던 습진의 영향으로 거의 지워져 버렸다). 하지만 눈은 상대적으로 다치거나 변형되는 일이 적은 부위이므로 마모되기 쉬운 지문의 대안이 될 수 있다. 홍채가 이처럼 개인의 구별 기준이 된다는 사실에 기반해 근래에는 홍채진단학이라 하여 홍채의 주름 패턴을 통해 건강 상태를 파악하거나 질병의 유무를 판단하는 방안도 제시되고 있다.

눈은 몸의 창이니 몸의 상태가 눈을 통해 드러난다는 것은 매우 솔깃한 이야기다. 하지만 주류 의학계에서는 건강상의 이상이 눈의 이상으로 드러나는 것은 사실일 수 있지만, 타고난 홍채의 주름이 신체적 특성을 반영한다는 인과적 증거는 아직 부족하다는 입장을 고수한다. 창문은 어디까지나 집의 내부를 들여다보게 도와주는 것이지, 내부 사정이 창에 드러나야만 하는 것은 아니라는 뜻이다.

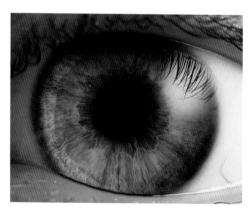

동공과 홍채의 모습. 주름의 모양은 개인마다 달라서 지문처럼 생체 인식 수단으로 이용될 수 있다.

눈의 렌즈: 수정체

대학교 때의 일이다. 어느 때와 마찬가지로 공강 시간에 과방에서 낙적이를 끄적이고 있던 내게 한 선배가 손을 내밀었다. 그의 손바닥 위에서 처음 보는 작고 투명한 구슬이 또르르 굴렀다. 이슬방울을 그대로 굳혀 놓은 듯 티끌 하나 없이 투명하게 맑은 구슬. 그런데 손가락을 대자 뜻밖에도 탄성이 느껴졌다. 그 낯선 느낌에 어리둥절하고 있자니 선배는 장난스런 얼굴로 이렇게 말했다. 이게 뭔지 아냐고, 맞추면 선물로 주겠다고.

사실 이 에피소드의 끝은 그다지 로맨틱하지 않다. 그날은 동물 해부학 실습이 있는 날이었고, 선배가 내게 내민 것은 해부용 토끼의 눈에서 추출한 수정체였다. 수정체를 선물로 내밀다니 이게 웬 엽기적인 행동이냐고 놀랄 수도 있겠지만, 생물학을 전공하던 우리 과에서는 동물 해부학 실험 시즌이 시작되면 짓궂은 선배들이 후배들, 특히 이성 후배에게 많이 써먹는 일종의 장난이었다. 그런 걸 받았다고 그다지 기분이 나쁜 것도 아니었다. 수정체는 생각 외로 예뻤고, 거기서 죽음의 냄새 따윈 느껴지지 않았으니까.

카메라가 렌즈를 통해 빛을 굴절시킨다면 눈에서는 수정체가 같은 역할을 한다. 카메라 렌즈는 두 가지 역할을 수행해야 한다. 렌즈의 첫 번째 역할은 빛을 굴절시켜 필름 혹은 망막에 상을 맺히게 하는 것이다. 하지만 시야에 잡히는 물체들이 모두 동일한 거리에 있는 것이 아니므로 렌즈의 역할은 단순히 빛을 일괄적으로 굴절시키기보다는 필름에 상이 정확히 맺히도록, 즉 초점이 잘 맞도록 조절할 필요가 있다.

이러한 굴절률 보정을 위해 카메라는 렌즈의 위치를 앞뒤로 움직여서 초점을 맞추지만, 안구 내에 위치해 이동이 어려운 수정체는 두께를 변화시켜서 이를 보정한다. 수정체와 붙어 있는 조직들이 가까운 곳을 볼 때는 느슨해져 수정체가 두꺼워지고, 먼 곳에서 오는 빛을 받아들일 때는 한껏 수정체를 잡아당겨 얇게 만들어서 빛의 굴절률을 조절한다. 시시각각 변화하면서도 원래의 모양을 잃지 않으려면 질기면서도 신축성이 좋아야 한다. 손 끝에 닿은 수정체에서 탄성이 느껴진 이유는 이 때문이었다.

이렇게 렌즈가 빛을 굴절시킬 수 있기 위해서는 반드시 투명해야 한다. 렌즈란 빛을 굴절시키는 것이지, 빛을 왜곡하는 존재가 아니기 때문이다. 카메라 렌즈에 먼지가 묻거나 손자국이 나기만 해도 사진은 얼룩진다. 수정체도 마찬가지다. 애초에 수정체水晶體라는 이름이 의미하는 바가 '물처럼 맑다'인데 실제로 수정체를 본 사람이라면 다른 이름은 생각할 수 없을 정도다.

수정체가 이토록 투명한 것은 크리스탈린crystalline이라는 투명한 단백질이 매우 정교하고 균질하게 배열된 구조를 가지고 있기 때문이다. 매우 투명한 두 장의 유리를 겹쳤을 때, 둘의 크기가 같다면 이들이 하나

맑고 투명한 소의 수정체 사진.

가 아니라는 사실이 분명히 드러나는 부위는 어긋나는 가장자리일 것이다. 이는 반대로 유리 가장자리를 맞춰 겹치게 되면 두 장의 유리는 한 장처럼 투명하게 보인다는 말이 된다. 수정체가 수많은 크리스탈린 단백질이 모여 있는 것임에도 물처럼 맑을 수 있는 것은 이들 자체가 투명하기도 하지만, 각각이 매우 균일하고 조밀하게 배열되었기 때문이다.

하얀 어둠을 걷어내고 파란 세상을 얻다

수정체의 투명성이 이토록 엄격하게 유지되는 것은 수정체의 얼룩짐과 혼탁함이 곧바로 시력 저하로 이어지기 때문이다. 수정체가 투명성을 잃는 대표적인 현상이 백내장白內障이다. 백내장을 유발시키는 원인은 매우 다양하지만 가장 흔한 이유는 나이가 들면서 나타나는 노인성 백내장이다. 카메라를 자주, 오래 사용하면 아무리 조심해도 렌즈에 생기는 미세한 흠집을 막을 수 없는 것처럼 눈으로 세상을 보는 시간이 늘어갈수록 그에 비례하여 크리스탈린 단백질은 변성이 일어난다. 구조 역시 느슨해지면서 수정체는 원래의 투명함을 잃고 눈에 뿌연 안개 같은 그림자를 드리우게 된다.

백내장이란 눈 내부內에 하얀색白의 장벽障이 드리워져 시야를 가리는 것으로 옛 어른들은 '눈에 백태가 끼었다'는 표현을 쓰곤 했다. 영어로 백내장은 'Cataract'라고 하는데 이는 '폭포'를 뜻하는 라틴어에서 유래된 말로, '떨어지는 폭포가 하얀 포말을 만들 듯 눈 안에 흰 물보라가 이는 현상'이라는 의미를 담고 있다.

백내장은 인간의 노화에 따라 발병률이 높아지는 질환이기 때문에,

사람들에게 감지된 역사도 꽤 오래전으로 거슬러 올라간다. 이집트의 카
이로 박물관에는 제5왕조(B.C. 2457~B.C. 2467)에 만들어진 남성의 목재
입상이 전시되어 있는데, 그 얼굴을 자세히 살펴보면 왼쪽 눈동자에 백
내장의 특징인 흰색 눈동자를 볼 수 있다.

이처럼 백내장은 예전부터 그리 낯설지 않은 질환이었고, 한 번 나
타난 백내장은 결코 저절로 낫는 법이 없어서 시야가 점점 흐려지다가
결국에는 하얀 어둠에 갇혀버리며 시력을 잃는다. 따라서 백내장에 대한
치료법 역시 아주 오래전부터 연구되어 왔다. 현대에도 백내장은 약물로
치료가 어려운 질환이니 당시에는 더 속수무책이었을 것이다. 그래서 그
들이 생각해 낸 유일한 방법은 눈 속의 하얀 어둠을 문자 그대로 '걷어내
는 것'이었다. 즉 눈을 절개해 하얗게 변해버린 수정체를 아예 제거하는
수정체 적출술이었다.

눈을 절개해 수정체를 적출한다고? 이는 외과학이 발달한 근대 이
후의 이야기일 듯싶지만, 이미 이집트에서는 B.C.1200년경에 환자의 눈에

B.C.1200년경에 제작된 이집트 벽화. 의사가 기구를 이용해 환자의 눈에서 하얗게 변한 수정체를 제거하는 장면이 그려져 있다.

서 수정체를 적출하는 의사의 모습을 그린 그림이 남아 있을 정도로 전통 있는 치료법이었다. 다소 엽기적인 수정체 적출술이 치료법으로 공인된 것은 인간의 눈은 수정체를 적출해도 볼 수 있다는 사실 때문이다.

매우 흥미롭게도 인간의 눈은 수정체가 없어도 세상을 볼 수 있다. 비록 거리에 따라 빛의 굴절 조절이 되지 않기 때문에 심한 원시가 되고, 수정체가 상당 부분 흡수하는 푸른빛이 망막에 그대로 닿기 때문에 시야가 온통 푸르게 보이기는 하지만 그래도 보이긴 보인다. 하얀 수정체를 가지고 있을 때는 앞이 전혀 보이지 않지만, 수정체를 제거하면 불완전하긴 해도 보인다니 뭔가 아이러니하다. 그래서 거짓말 같은 이야기 속에서 진실을 찾아내기를 좋아하는 이들은 〈심청전〉에 등장하는 심봉사가 갑자기 눈을 뜨는 이유를 이렇게 설명하기도 한다.

심봉사의 실명은 심한 백내장이 원인이라 죽은 줄 알았던 딸 청이를 만나 너무 기쁜 나머지 서둘러 달려 나가다가 어딘가에 눈을 세게 부딪치며 그 충격으로 수정체가 터지거나 자리를 이탈하면서 오히려 빛이

들어갈 자리가 생겨났다는 것이다. 그렇다면 애초 심청이가 상인들에게 팔려갈 때, 누군가 공양미 삼백 석에 딸을 팔아먹은 파렴치한이라고 심 봉사의 얼굴에 주먹을 한 방 먹여주었더라면 이야기가 어떻게 전개되었을까 궁금해진다(물론 이건 상상일 뿐이니 눈이 안 보인다고 진짜로 펀치를 날리면 큰일난다.)

수정체가 없어도 볼 수 있다는 사실은 오랫동안 백내장 치료의 마지막 대안이었다. 고대 이집트 시대 이후 수많은 사람들이 수정체 적출술을 받았지만, 그중 가장 유명한 사람은 프랑스의 인상주의 화가였던 클로드 모네 Claude Monet일 것이다. '빛이 보여주는 세상의 피부'에 주목해 세간으로부터 '빛의 화가'라 불렸을 만큼 모네의 그림은 눈부실 정도로 다채로운 빛의 향연을 고스란히 담고 있다.

그런 모네였기에 노년에 찾아온 백내장이 그에게 미친 영향은 매우 컸다. 일단 가장 큰 변화는 그가 더 이상 다양한 빛과 색을 화폭에 담아 낼 수 없었다는 것이다. 모네를 비롯해 안과 질환이 환자에게 미친 영향을 연구한 스탠퍼드 대학교의 안과 의사 마이클 마머 교수는 같은 장소를 전혀 다르게 그린 모네의 화풍 변화를 심리적이거나 예술적인 변화 대신 백 내장이라는 생물학적이고 의학적인 변화 때문으로 분석했다.

나이가 들수록 점점 진행되는 백내장 앞에서 대 화가의 예술혼도 타격을 입게 마련이었다. 그는 결국 실명에 가까운 상태가 되었고, 의사의 권유로 수정체 적출술을 받게 되었다. 하지만 마지막 희망이었던 수정체 적출술은 모네의 눈에서 안개를 걷어냈지만, 그의 눈에 비친 세상의 느낌은 이전과는 완전히 달랐던 모양이다. 그나마 이집트 시대와는

(위) 작품 배경이 되었던 연못과 다리의 실제 모습
(가운데) 백내장을 앓기 전에 그린 〈수련〉(1899)
(아래) 백내장을 앓던 때 그린 같은 풍경의 그림

백내장에 걸린 후에는 색감과 형태 감각이 매우
떨어진 것을 볼 수 있다. 특히 색이 모두 붉은색으
로 바뀌었는데, 이는 수정체가 흐려져 파란색이
잘 투과되지 않았기 때문으로 추정된다.

II. 눈을 보다

달리 안경이 발달했기에 수술 이후 느껴지는 심각한 원시는 볼록렌즈 안경으로 교정할 수 있었지만, 당시로서는 수정체 적출로 인해 세상이 온통 파랗게 보이는 것만은 어쩔 수 없었다.

실제로 수정체 적출술을 받은 사람은 마치 파란 선글라스를 낀 것처럼 세상이 파랗게 보인다고 말한다. 빛은 색에 따라 파장의 길이가 다른데, 빨간색에 가까울수록 파장이 길고 파란색에 가까울수록 파장이 짧다. 모든 파장이 섞인 빛이 눈으로 들어오면 수정체 내에서 굴절되는 과정에서 파장이 짧은 파란색 빛이 크리스탈린 단백질 구조물들 사이에서 더 큰 각도로 꺾이면서 일부는 눈의 뒤쪽, 즉 망막 쪽으로 빠져나가지 못하고 수정체 내부에 갇히는 현상이 일어난다. 눈 내부에 파란색이 갇히는 현상은 파란 색소를 만들지 못하는 홍채가 파랗게 보이는 이유도 설명해준다.

조종사의 불행에서 빛을 얻다

만약 모네가 50년쯤 뒤에 태어났더라면 어땠을까? 모네의 백내장은 노년에 발병한 노화 현상의 일종이어서 백내장 자체를 막을 수는 없었겠지만, 백내장으로 인한 시력 저하와 수정체 적출술로 인해 '파란 세상'에 갇히는 것은 막을 수 있었을 것이다.

현대에도 확실한 백내장 치료 방식은 수정체 적출술이다. 하지만 수정체를 적출하고 그대로 각막을 덮어 꿰맸던 과거와는 달리 제거한 수정체 대신 인공수정체를 삽입해 원시와 색채 이상을 최소한으로 줄이는 것이 가능해졌다. 이쯤 되면 렌즈와 수정체의 비유는 더 이상 은유가 아니게 된다.

인간의 눈에 이물질을 넣어도 괜찮다는 것은 우연한 사고로 인해 알려진 사실이다. 1949년, 영국의 안과 의사였던 해롤드 리들리Harold Ridley, 1906~2001는 우연히 부상당한 전투기 조종사를 접하게 된다. 당시 그가 탄 전투기의 덮개창이 산산이 부서지면서 수없이 많은 파편이 그를 덮쳤고 그의 눈도 예외는 아니었다. 의사들은 가능한대로 그의 몸에서 파편들을 제거했지만 조각이 너무 많고 작았기에 눈에 박힌 일부는 제거하지 못하고 남겨두게 된다. 그런데 의료진의 걱정과는 달리 시간이 지나도 조종사의 눈은 애초부터 그 파편들이 자신의 일부인양 그들에게 별다른 거부 반응이나 면역 반응을 보이지 않았다. 당시 그를 덮쳤던 파편들은 대부분 PMMApolymethyl metahcrylate재질의 플라스틱으로, PMMA는 투명도가 유리보다 뛰어나고 단단해서 주로 자동차나 비행기 창문의 재질로 쓰이는 물질이었다.

사람의 눈이 PMMA 성분을 거부하지 않으며, PMMA가 유리보다 투명도가 높다는 사실에서 리들리는 '그럼 문제가 생긴 수정체 대신 PMMA로 수정체를 만들어 눈에 넣으면 어떨까?'라는 생각을 떠올리게 된다. 그의 이런 발상은 이후 개량과 보정을 거듭해 1970년대부터는 수정체 적출술과 인공수정체 삽입술을 묶는 백내장 치료의 효과적인 치료법으로 부상하게 된다.

물론 인공수정체는 진짜와는 달리 탄성이 없어 거리에 따라 자동 두께 조절은 되지 않지만, 최근에는 수정체 자체를 근거리와 장거리 초점을 모두 맞출 수 있게 만든 다초점 수정체가 나와 있어 세상이 파랗게 보이는 현상도 완화되고 훨씬 자연스러운 시야를 되찾을 수 있게 되었다. 자료에 따르면 표준적인 절차에 따라 인공수정체 이식술을 받은 환자들의 95퍼센트는 백내장 발병 이전의 시력을 되찾을 정도로 효과가 있는 것으로 입증되었다.

검은 것은 어둡다. 하지만 어둡다고 모두 검지는 않다. 붉거나 파랗거나 노랗거나 희어도 눈앞을 가리고 빛을 통과시키지 않으면 우리 눈엔 모두 어둠으로 비치게 된다. 눈에 하얀 어둠을 가져다주는 백내장은 생활 습관의 개선(자외선 차단 선글라스 착용, 금연, 혈당 관리 등)으로 상당 부분 지연시킬 수 있고, 임계점을 넘어간다 하더라도 인공수정체 이식으로 다시 시력을 되찾을 수 있는 질환이다.

하지만 백내장을 방치하면 합병증으로 녹내장, 망막 이상, 포도막염 등이 발생하면 완전한 실명에 이를 수도 있다. 2011년 '세계 시력의 날' 행사에 제시된 자료에는 전 세계 70억 인구 중 실명 상태에 놓인 사람이 약 3,900만 명이며, 이들 중 47.9퍼센트가 제때 치료받지 못한 백내장으로 시력을 잃고 있다고 기록돼 있다. 누군가의 삶에 드리워진 하얀 그림자가 완벽한 어둠으로 고착되는 것을 막는 방법을 알고 있음에도 그것을 막지 못하는 것은 과연 누구의 책임일까?

안과 수술실에서

몇 개의 문을 지나 닫힌 공간에 들어섰다. 옷 위로 전신을 덮는 푸른색 수술복을 입고, 머리에는 부직포로 만들어진 헤드 커버를 쓰고 머리카락이 나오지 않도록 꼼꼼히 집어넣었다. 그 위에 다시 마스크를 쓰고 노란 외과용 고무장갑을 끼니 내 몸에서 드러난 곳은 두 눈뿐이다. 답답했지만 꼭 필요한 조치였다.

이곳은 안과병원의 수술실 앞. 안과 수술을 참관할 수 있는 기회를 얻어 기다리는 중이다. 유리창 너머로 수술 준비를 하느라 분주한 간호사와 수술을 위해 대기하고 있는 환자의 모습이 보인다. 잠시 숨을 골랐다. 이제 저 수술실 안에서 나는 '착한 유령'처럼 존재해야 한다. 모든 것을 볼 수는 있지만 아무것도 만져서는 안 된다. 보고 싶은 것을 보기 위해 움직일 수는 있지만, 의료진의 움직임을 절대로 방해해서는 안 된다.

준비를 마치고 기다리자 의사가 들어왔다. 안과 전문의 권현석 원장은 익숙한 솜씨로 수술실로 들어섰다. 나도 그 뒤를 따라 들어가 가능한 한 '유령처럼' 자리를 잡았다. 환자의 얼굴에는 소독된 면포가 덮여 있었고, 한쪽 눈 부위만 구멍이 뚫려 있었다. 수술 도중에 눈을 감지 못하도록 기계로 고정된 눈은 평소보다 훨씬 더 크게 뜨여 있었지만, 정작 환자는 아무것도 볼 수가 없다. 시력 교정을 위한 안과 수술은 안약을 이용해 부분 마취로 이루어지기에 환자가 의식을 잃은 것은 아니었다. 멀쩡한 정신으로 눈을 활짝 뜨고 있지만, 정작 눈에 직접적으로 비치는 밝은 빛 때문에 오히려 눈이 부셔 아무것도 볼 수 없다. 의사의 시야를 밝게 하기 위해 비춘 빛이 환자 입장에서는 세상을 덮어버리는 '밝은 어둠'이 되어버린 셈이다.

환자에게 이름을 확인하고, 이후에 있을 과정에 대해 잠시 설명한 뒤 의사는 짤막한 기도를 올리기 시작했다. 수술이 무사히 끝나고 건강이 회복되기를 신께 기원하는 것이다. 현대의학의 총아인 첨단 수술 장비들이 그득한 수술실에서 울리는 기도라니. 어울리지 않으면서도 기묘한 안정감이 흘렀다. 첨단 장비들이 물리적인 수술의 성공을 위한 것이라면, 의사가 직접 들려주는 기도는 긴장하고 불안한 환자의 마음을 어루만지는 위로의 목소리였다.

기도를 마친 의사가 수술용 현미경 접안렌즈에 눈을 대며 본격적으로 수술이 시작되었다. 나 역시 재빨리 옆쪽에 있는 또 다른 접안렌즈를 들여다보았다. 의사가 지금 보고 있는 시야가 내 눈에도 들어왔다. 동일한 대상을 서로 다른 접안렌즈로 들여다보며 시야를 겹치는 것은 마치 내가 아닌 다른 사람의 눈으로 세상을 보는 기분이 들었다. 영화 〈존 말코비치 되기〉에서 등장한, 우연히 이상한 통로에 들어갔다가 존 말코비치의 시야 속으로 다이빙해버린 존 쿠색의 느낌처럼 말이다.

현실의 내게는 접안렌즈의 위치가 높아 수술 시간 내내 발뒤꿈치를 들고 있어서 쥐가 날 것 같았다는 것 뿐. 수술실에서 하이힐이 필요할지는 정말

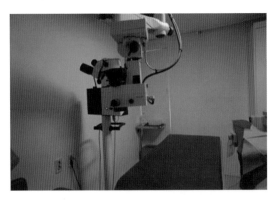

안과 수술용 현미경.

몰랐다.

접안렌즈 너머로 익숙한 노란 불빛과 낯선 장면이 떠올랐다. 우글거리는 세포의 집단이 아니라 커다랗게 뜨여서 불안함이 가득 느껴지는 누군가의 눈을 보는 건 처음이다. 오늘의 수술은 백내장 치료를 위한 인공수정체 치환술이었다. 앞에서 언급했듯 눈에서 렌즈의 역할을 하는 수정체가 어떤 이유로든 혼탁해져 빛을 투과시키지 못해 '백색 어둠' 속에 갇히는 것이 백내장이다. 과거에는 꼼짝없이 이 상태로 살아야 했지만, 이제는 혼탁해진 수정체를 제거하고 인공수정체를 삽입하는 것이 가능하다. 하지만 수정체는 각막 뒤에 있고 세상 모든 만물은 텔레포테이션이 불가능하므로, 수정체를 제거하려면 각막을 절개해야 한다는 결론에 다다른다. 그럼 수정체 크기로 각막을 절개해야 하는 걸까? 눈 표면으로 칼날이 지나간다는 상상만으로도 등줄기가 서늘하다.

세상에는 직접 보면 상상을 능가하는 것이 있는가 하면 상상이 더 끔찍한 것도 많다. 다행히도 현미경 속에서 보여지는 장면은 후자에 속했다. 바늘처럼 작은 기구로 각막에 1~2밀리미터 내외의 구멍을 만들자, 그 안으로 가느다란 금속제 튜브가 눈 안으로 들어갔다. 초음파 분쇄장치이자 흡입기였다. 초음파ultrasonic는 원래 인간의 귀로는 들을 수 없는 약 20킬로헤르츠 이상의 주파수를 지닌 소리를 의미하지만, 우리가 감각적으로 느끼는 '소리'와는 다르게 이용된다. 기본적으로 음파의 진동수가 커지면 파장이 짧아지고 에너지도 강해진다. 이때의 에너지는 생각보다 커서 초음파를 아주 좁은 점에 집중시키면 단단한 고체로 깨드릴 수 있다.

몸속에 생기는 '돌'인 담석이나 요로결석을 개복수술을 하지 않고서도 외부에서 깨뜨려 부술 수 있는 것 역시도 초음파가 가진 숨은 힘 때문이다. 백내장 수술에서도 마찬가지 방법이 이용된다. 좁은 틈으로 들어간 가느다란 튜브가 초음파를 발생시켜 혼탁해진 수정체를 깨뜨리면서 동시에 부서진 수정체 조각들을 기구 끝에 달린 구멍을 통해 흡입해 제거하는 형태였다. 따라서 수정체를 제거하는 장면은 마치 둥그런 비누를 끌로 조금씩 긁어내는 과정과 비슷했다.

숙련된 손길을 따라 튜브가 몇 차례 지나가고 나니, 수정체는 흔적도 없이 사라졌다. 백내장 수술에서 수정체를 제거하는 것은 단순하고 쉬운 과정처럼 보이지만, 실상은 매우 노련한 손길이 필요한 작업이었다. 그 이유는 수정체를 둘러싸고 있는 얇은 막 때문이다.

수정체는 눈에서 렌즈의 역할을 하기 때문에 위치가 매우 중요하다. 따라서 수정체가 눈 안에서 돌아다니지 않도록 가장자리를 모양체라고 하는 단단한 결합조직이 붙들고 있을 뿐 아니라, 애초에 수정체 자체가 눈 앞쪽에 위치한 일종의 주머니 속에 들어 있어 위치 이탈을 방지한다. 하지만 이 주머니는 매우 얇고 연약한 조직이라, 작은 충격에도 쉽게 찢어질 수 있다. 따라서 수정체를 제거하기 위해 사용하는 초음파 분쇄기를 1밀리미터만 움직여도 찢어질 수 있고, 그러면 그 구멍으로 수정체가 눈 안쪽으로 빠질 수 있다.

눈의 대부분을 차지하는 유리체는 젊을 적에는 젤라틴처럼 점도가 높은 젤 형태를 이루고 있어서 수정체낭이 찢어지더라도 수정체가 크게 자리를 이탈하지는 않는다. 하지만 나이가 들면 노화로 인해 유리체를 구성하는 히알루론산이 분해되어 물과 같은 액체 형태로 바뀌어 그야말로 '유리체 액체

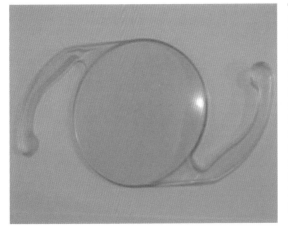

백내장 수술 시 사용되는 인공수정체의 모습. 갈고리가 달린 노란색 렌즈로 구부러진다. 양쪽의 갈고리는 수정체가 눈 안에서 돌아다니지 않고 위치를 유지하도록 도와주고, 렌즈의 노란색은 수정체가 원래 하던 푸른빛의 파장을 상쇄시켜 세상이 온통 파란색으로 왜곡되는 것을 완화시킨다. 이 밖에도 인공수정체는 종류가 다양하고, 각자의 증상에 맞는 렌즈를 선택해 사용할 수 있다.

속에 수정체가 퐁당 빠져버리는' 대참사가 일어날 수도 있다. 그는 이를 일컬어 '백내장 수술 의사들의 악몽'이라고 표현할 정도였다.

수정체를 제거하자 환자의 눈은 이전보다 훨씬 더 맑고 또렷해보였다. 아무래도 눈앞의 안개를 걷어낸 형국이니 맑아 보이는 것은 당연한 일이다. 이제 남은 것은 원래 수정체가 있던 자리에 인공수정체를 삽입하는 일이다. 인공수정체는 그리 크지 않았지만, 아무리 보아도 1~2밀리미터 정도의 절개 부위로 들어갈 성 싶지는 않았다. 도대체 저 작은 틈새로 저렇게 큰 인공수정체를 어떻게 집어넣는 거지?

비법은 생각보다 간단했다. 우리는 수정체를 렌즈로 치환해서 받아들이기 때문에 '렌즈=유리=단단한 것'이라는 등식에 익숙하다. 하지만 인공수정체는 탄성이 있는 플라스틱으로 만들어져 있어 접거나 돌돌 마는 것이 가능하다. 작게 접힌 인공수정체를 좁은 틈으로 밀어 넣고 가느다란 튜브 끝으로 이를 펴는 것이다. 그리고 마지막으로 각막의 절개 부위를 한 바늘 꿰매는 것으로 수술은 끝이 났다. 이제 환자는 하얀 어둠에서 벗어나 밝은 세상을 다시 보게 될 것이다.

눈의 필름: 망막

10여 년 전 어느 날, 잰걸음으로 강연장에 들어섰다. 당시 한 인터넷 매체에서 어설프게나마 과학 기사를 쓰고 있던 내게 주어진 임무는 한 과학자의 대중 강연에 참석해 내용과 분위기를 전하는 것이었다. 시간에 맞춰 도착했지만 강연장 안은 발 디딜 틈도 없을 만큼 붐비고 있어 연사의 인기를 짐작케 했다.

드디어 강연자가 연단에 오르자 수백, 아니 줄잡아 1,000명 이상의 눈동자가 일사불란하게 연단을 향했다. 연사는 당시 의학계, 우리나라 전체를 통틀어 최고의 스타로 불리던 황우석 박사였다. 그의 목소리가 높아질수록 노트북 위를 달리는 내 손가락의 움직임도 빨라졌다. 강연이 끝나고 대부분의 사람들이 강연장을 떠난 뒤에도 나는 남아서 노트북을 두드리고 있었다. 그때였다.

"저, 실례지만 저 좀 도와주시겠습니까?" 고개를 돌려보니 건강해 보이는 남성이 자리에 앉아 있었다. 처음엔 의아했다. 도움? 왜? 하지만 내게 도움을 청하는 그의 시선과 그를 바라보는 나의 시선이 일치하지 않는다는 사실을 깨닫는 데는 그리 오랜 시간이 걸리지 않았다. 나를 향해 다가오는 목소리와는 달리 크게 열린 그의 눈동자는 공허함을 담고 허공에 못 박혀 있었다.

그날 처음 알았다. 시각장애를 가진 사람들이 있다는 사실은 피상적으로만 알고 있었지만 실제로 본 적은 없었기에 그들이 도움을 청해

올 때 어떻게 대응해야 하는 것인지. 보통 몸이 불편한 사람을 대하듯 그를 부축하려 했다. 그러자 그분은 정중하게 거절하며, 단지 당신께서 내 팔을 잡을 수 있게 해주면 족하다고 말했다. 내가 부축하고 손을 잡아 끌면 눈이 보이지 않는 자신으로써는 끌려가는 느낌이 들어 불안하다고, 대신 팔만 잡게 해주면 팔의 움직임을 통해 이동 방향과 속도를 짐작할 수 있기에 덜 불안하다고 미안한 듯 말했다.

낯선 사람에게 팔을 잡힌 채 걷는 어색함은 그가 먼저 자기 이야기를 시작하면서 풀어졌다. 그는 유전적인 망막색소 변성증으로 시력을 잃었다는 이야기를 담담하게 풀어 놓았다. '망막색소 변성증Retinitis pigmentosa'이란 유전자 이상으로 인해 빛을 감지하는 광수용체들이 파괴되고, 거기서 유출된 색소들이 망막에 침착되면서 망막의 색이 변하고 점차 시력을 잃어가는 질환이다.

가벼운 야맹증夜盲症으로 시작된 증상은 서서히 직경이 줄어드는 원통을 통해 세상을 보는 것처럼 시야가 좁아지다가 결국 세상과 연결되는 한 점의 통로조차 막혀버리면서 시력을 잃게 된다. 일단 증상이 시작되면 증상의 진행 시기를 다소 늦출 수는 있어도, 빛의 통로가 사라지는 것 자체를 완전히 막을 수는 없다. 현재 망막색소 변성증을 유발하는 유전인자는 40여 가지로 알려져 있는데, 그중에서도 그는 상염색체 우성으로 유전되는 종류인 듯했다. 돌연변이나 열성유전으로 유전되는 경우에 비해 상염색체 우성으로 유전되는 경우에는 발병 시기가 이십대 이후로 늦은 편이기에 더더욱 시각을 잃는 것에 대한 상실감이 크고, 자식에게 50퍼센트의 확률로 유전되기 때문에 미안함까지 더해지곤 한다. 사실 이 질병 자체는 유전학 교과서를 통해 이미 알고 있는 것이었지만, 현실에서 만나는 느낌은 완연히 달랐다. 교과서 속의 텍스트들은 결코 현실성을 가지지 못한다. 왜 백문이 불여일견이며, 관념은 경험에 미치지 못하는지를 깨닫는 날이었다.

망막, 빛을 변환하다

망막은 사람을 비롯한 척추동물과 무척추동물인 두족류의 안구의 가장 안쪽에 존재하는 세포층으로, 카메라에 비유하자면 필름에 해당하는 부위이나 필름이 범접하기 어려운 고감도와 고화질을 자랑하는 고도의 신경조직이다. 망막은 광자극을 신경신호로 변환하는 일, 즉 빛의 형태로 눈에 들어온 정보를 뇌가 인지할 수 있도록 전기적 신호로 바꾸는, 일종의 신호 변환기이자 세상과 뇌를 연결하는 핵심적인 관문이다. 망막이 제 기능을 하지 못한다면, 세상이 아무리 밝은 빛과 형형색색의 색채들로 가득해도 뇌는 이를 인지하지 못하고 어둠 속에 잠겨 있을 수밖에 없다. 그래서 망막의 신호 전환 기능은 시각에서 가장 핵심적인 장치로 꼽힌다.

　　망막은 총 10개의 층으로 이루어져 있는데, 기능상으로 분류하면 빛을 감지하는 광수용체와 이를 전기적 신호로 변환시키는 신경망으로 나눌 수 있다. 사람의 눈에는 약 1억3,000만 개 정도의 광수용체가 존재하고, 이들과 연결된 120만 개의 신경들이 정보를 뇌의 시각피질로 전달한다. 광수용체는 다시 막대세포rod cell와 원뿔세포cone cell[*]의 두 종류로

---

[*]　　막대세포와 원뿔세포는 옛 한자 용어인 간상杆狀세포와 원추圓錐세포를 대치하는 이름이다.

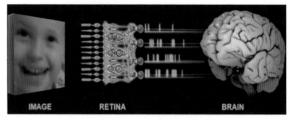

나뉜다. 이중 더 많은 것은 약 9,000만 개가 존재하는 막대세포다.

막대세포는 빛에 민감해 어두운 곳에서 빛을 인식하는 역할을 하며, 망막의 주변부 쪽에 좀 더 많이 분포한다. 막대세포는 광수용색소를 단 한 가지만 가지고 있기 때문에 색을 구별할 수는 없지만, 단 하나의 광자에도 반응할 만큼 빛에 대한 민감도가 뛰어나 빛이 부족한 어두운 곳에서 주로 활약한다. 밤에 불을 끄고 나면 순간적으로 어둠이 찾아오지만, 곧 희미하게나마 세상이 보이는 것은 막대세포가 제 역할을 하기 때문이다. 그래서 막대세포가 손상되거나 제 기능을 못하게 되면 불 꺼진 영화관이나 어스름한 밤중처럼 빛이 부족한 경우, 아예 앞이 보이지 않는 야맹증이 나타나게 된다.

대부분의 가정/가사 교과서에 등장하듯 야맹증을 일으키는 가장 큰 원인은 비타민 A의 부족이다. 이는 막대세포가 가지는 광수용색소인 로돕신이 비타민 A와 옵신이라는 단백질의 결합 형태로 만들어지기 때문이다. 따라서 비타민 A가 부족하면 막대세포는 로돕신을 충분히 합성할 수 없어 제 기능을 못하게 되고 따라서 야맹증이 나타난다. 이 말은 반대로 비타민 A만 충분히 보충해주면 야맹증은 얼마든지 좋아질 수 있다는 말이 된다.

실제로 대부분의 야맹증은 비타민 A를 충분히 보충해주면 사라지지만, 부족 상태가 오랫동안 지속되면 각막 건조증이나 감염, 궤양 등의 합병증이 발생해 영구 실명으로 이어질 수도 있다.

전 세계 아이들의 실명 원인 중 1위가 바로 비타민 A의 부족으로 인한 것이다. WHO세계보건기구에 따르면 전 세계 어린이 중 125만 명이 비타민 A결핍증으로 고통받고 있으며, 이중 50만 명은 결국 영영 빛을 잃게 된다. 실명은 안타까운 일이지만 비타민 A로 인한 실명이 더욱 가슴 아픈 건, 그 대상이 주로 5세 미만의 어린아이들이며 제때 비타민 A만 충분히 공급해주었어도 얼마든지 막을 수 있는 '치료 가능한 질환'이라는 사실 때문이다. 애초 1998년 포트리쿠스 박사팀이 일명 '황금쌀'을 개발하게 된 계기도, 빌 앤 멜린다 게이츠 재단이 1,000만 달러를 투자해 황금쌀의 개발과 보급에 힘을 보탠 것도 이러한 안타까움에서 시작되었다.

황금쌀은 유전자 조작을 통해 비타민 A의 전구체인 베타카로틴을 듬뿍 함유하도록 만들어진 쌀이다. 노란색을 띠는 베타카로틴이 함유되어 있어 보통의 쌀과 달리 도정 후에도 샛노란색을 띠어 일명 황금쌀로 불려지게 되었다. 왜 하필 쌀일까? 비타민 A로 인한 실명 아동이 집중적으로 발생하는 지역은 동남아시아 지역, 즉 쌀의 소비가 많은 지역이므로 이들이 먹는 주식인 쌀에 비타민 A를 포함시키면 적어도 이로 인해 실명하는 아동은 줄어들 것으로 여겼던 것*이다.

두 번째 광수용체는 원뿔세포이다. 원뿔세포는 비록 빛에 대한 민감도는 막대세포에 비해 떨어지지만 대신 세 가지 종류의 빨강, 노랑, 초록빛을 인식하는 광수용색소가 있기 때문에 색을 구별할 수 있는 특징을 지닌다. 그리고 주로 낮에 생활하는 인류의 생활 습성상 우리는 주로 원뿔세포로 세상을 인식한다.

원뿔세포는 주로 망막의 중심부에 집중적으로 존재하는데, 이로 인해 육안으로 노랗게 보이는 지점들이 있다. 이를 황반이라고 한다. 망막색소 변성증에서 중심부 시야는 주변부 시야에 비해 좀 더 오래 유지되는 이유도 원뿔세포가 막대세포보다 유전자 공격에 대해 좀 더 저항성을 가지고 이들이 주로 망막의 중심부에 몰려 있기 때문이다.

원뿔세포에 세 가지 광수용색소가 존재한다는 사실은 미국 드라마 〈그림 형제The Grimm〉에서 흥미롭게 재현되었다. 이 드라마의 주인공 '닉'은 대대로 보통 사람들은 볼 수 없는 특이한 형태의 사람들을 구별할 수 있는 능력을 지닌 존재, 즉 '그림'족族의 일원이다. '베센Wesen'이라고 통칭되는 이 특이한 사람들은 일종의 반인반수半人半獸의 존재들로 인간의 모습으로 완벽히 위장한 채 보통 사람들과 섞여서 살아간다. 그런데 보통 사

---

* 　최근에는 황금쌀에 대한 인기가 시들하다. 이는 첫째, 안전성이 완전하게 검증되지 않은 GMO 식품을 주로 어린아이에게 먹이는 것은 윤리적으로 문제가 되며, 둘째로 비타민 A의 공급은 당근, 망고, 아마란스 등 베타카로틴이 듬뿍 든 다른 과일과 채소의 고른 섭취로로 충당될 수 있는데 황금쌀의 공급은 오히려 쌀에 대한 의존도를 높여 영양 불균형을 심화한다는 주장이 힘을 얻고 있기 때문이다.

미국드라마 〈그림 형제〉에 등장하는 베센 중 하나인 먼로의 모습. 보통 사람들 눈에는 왼쪽과 같은 평범한 아저씨의 모습으로만 보이지만 닉은 그가 숨기고 있는 본성인 늑대인간 블룻바드의 모습을 볼 수 있다.

람의 눈에는 보이지 않는 베센의 모습이 유독 닉의 눈에만 보이는 이유는 뭘까? 드라마 속에서 닉의 눈을 검진한 안과 의사가 이를 설명한다.

사람들은 일반적으로 세 가지 종류의 광수용색소를 가지는데 닉의 눈에는 다섯 가지 종류의 광수용색소가 존재하며, 이는 유전적으로 타고난 것으로 여겨진다는 것이다. 의사는 그에게 "남들이 볼 수 없는 것을 보는 것 아니냐?"라고 묻는다. 이 장면을 보면서 대단하다는 생각이 들었다. 광수용색소에 대한 과학적 진실성의 여부는 차치하고, 모든 세계관이 허구라는 것을 근저에 깔고 시작하는 판타지 드라마에서조차 남들은 볼 수 없는 것을 보는 주인공의 정체성을 망막세포의 특수성으로 설명하려고 노력한 제작진의 과학적 집념이 엿보였기 때문이다.

망막은 기본적으로 광수용체가 빛을 인식하고, 신경세포들이 이를 전기적 신호로 변환해 뇌로 전달하는 기능을 한다. 우리가 보는 세상은 결코 정지화면이 아니기에 이를 인식하고 변환하는 망막의 광수용체와 신경세포들 역시 매우 끊임없이 역동적으로 움직인다. 따라서 이 부위에는 늘 충분한 산소와 영양분의 공급이 필수적이다. 인구가 많이 모여 사는 지역일수록 에너지 소비량이 크며, 힘들게 일하고 난 뒤 더 많은 음식이 필요한 이유처럼 말이다. 따라서 망막에는 수없이 많은 모세혈관들이 존재해서 쉴 새 없이 망막에 필요한 물질들을 조달하고 있다.

그런데 이상하게도 인간의 눈에 존재하는 모세혈관들은 망막의 뒤쪽이 아니라 망막의 안쪽에 존재한다. 심지어 시신경까지도 안구 안쪽으로 들어와 있다. 그것도 안구 내부로 들어오기 위해 멀쩡한 망막에 구멍 — 인간의 시야에 맹점blind spot이 존재하는 이유가 이 때문이다 — 까지 내고서 말이다. 망막이 세상의 빛을 있는 그대로 인식하기 위해서는 망막을 가리는 것이 아무것도 없어야 한다. 각막과 수정체가 투명한 이유가 이 때문 아닌가. 그래서 안구 안쪽에 덕지덕지 붙은 모세혈관들은 당연히 시야에 걸림돌이 된다.

실제로 망막은 깨끗한 스크린이 아니라, 담쟁이덩굴이 덕지덕지 달라붙은 담벼락에 가깝다. 이렇게 노이즈가 많으면 투명한 각막과 수정체를 만들어놓은 보람이 없다. 이러한 시각적 노이즈를 상쇄하기 위해 우리 몸이 선택한 전략은 눈을 미세하게 진동시키는 것이다. 이는 울타리를 사이에 두고 너머를 바라보면 시야가 방해를 받지만, 빠르게 달리는 자동차 안에서는 오히려 건너편이 잘 보이는 원리와 동일하다. 우리의 뇌는 눈에서 보내는 이미지가 빠르게 변화하면 이들을 통합하여 보려는 특성이 있기 때문에 울타리가 주는 가림 효과가 떨어진다. 마찬가지로 안구 내부의 혈관들도 가만히 있을 때는 더 확실하게 인식되지만, 안구가 떨리는 경우 이미지를 통합하려는 뇌의 특성으로 인해 시야를 덜 방해받게 된다.

안구의 진동으로 시야 방해 현상은 극복했지만, 이런 식의 진동이 지속되는 것은 결코 눈 건강에 도움이 못 된다. 하찮은 낙숫물도 오래되면 바위를 뚫는 것처럼 아무리 미세한 진동이라도 진동이 지속되면 이로 인한 2차 피해가 발생할 가능성이 커진다. 그 최악의 결과가 망막 자체가 안구에서 벗겨져 와장창 떨어져 버리는 망막 박리이다.

망막 박리가 일어나면 갑자기 눈 속에 커튼이 드리워진 듯 시야가 가려지는데 응급 수술로 떨어진 망막을 다시 안구에 붙이는 처치를 받지 않으면 영구 실명으로 이어질 수 있다. 사실 눈의 모세혈관들이나 광수용체와 결합하는 시신경들이 굳이 안구 안쪽에 존재해야만 하는 이유는 전혀 없다. 인간의 눈과 비슷한 구조를 가진 오징어나 문어 같은 두족류의 경우 실제로 모세혈관들이 눈 바깥쪽, 망막의 뒤쪽에 붙어 있지만 망막에 충분한 양의 산소와 영양분을 공급하는 데 아무런 문제가 없기 때문이다. 어찌 보면 인간의 눈은 기능적으로 뛰어난 조물주의 완벽한 발명품이지만, 구조적으로는 초보 설계자의 실패한 습작에 가까운, 또 다른 의미에서 신기하고 신비한 장치이다.

눈의 노른자위: 황반

흔히 실속 있는 알짜배기에 노른자라는 말을 붙인다. 샛노랗고 진득한 노른자에 비하면 투명한 점액 같은 흰자는 영양가나 농축 정도에서 확실히 떨어진다는 느낌이 든다. 그래서 사람들은 주변보다 월등히 비싼 땅을 노른자위 땅이라고 부르며, 어떤 조직에서는 가장 핵심 조직을 노른자 부서라고 칭하기도 한다. 또 한치도 허투루 손해 보지 않고 실속만 쏙쏙 골라서 누리는 사람에게는 노른자만 골라 먹는다고 한다. 현실에서 아이들은 퍽퍽하고 맛없다며 달걀 프라이에서 노른자만 골라서 뱉어내고, 어른들은 콜레스테롤 걱정과 다이어트를 위해 흰자만 골라서 먹는데 말이다.

흥미로운 사실은 우리 눈에도 노른자와 같은 부위가 있다. 망막의 중심부에 존재하는 황반이 그 주인공이다. 황반黃斑, macular lutea이란 이름 그대로 '황색 반점'이란 뜻으로, 실제로 이곳에 존재하는 세포의 특성상 짙은 황색을 띄고 있어서 이런 이름이 붙었다. 황반은 지름 3밀리미터

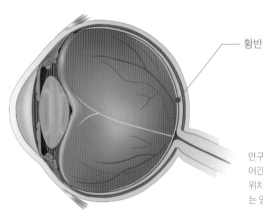

황반

안구의 내부 구조. 망막에 오목하게 들어간 부분이 보이는데, 황반은 이 곳에 위치한다. 전체 망막에서 황반이 차지하는 영역은 매우 작다.

정도로 그다지 크지 않은 눈의 내부 구조에서도 그리 크다고 할 수 없는 부위지만, 우리가 인식하는 시각의 대부분을 담당하는 아주 중요한 부위이다. 황반의 기능 상실은 실명의 가장 큰 원인이 된다. 즉 황반은 크기는 작아도 시각의 핵심 기능을 담당하는 중심점이라는 뜻이다.

황반의 특징적인 노란색은 이곳에 많이 존재하는 루테인lutein과 제아잔틴zeaxanthin이라는 노란색 색소체 때문이다. 이 두 물질은 구조는 다르지만 화학식이 다른 구조이성질체로, 비유하자면 같은 털실로 만들어졌으나 겹쳐지지 않는 왼쪽 장갑과 오른쪽 장갑과 같은 관계의 물질이다. 노란색을 띤 두 짝꿍 색소들은 강력한 항산화제로 황반을 보호하고 제 기능을 유지시키는 데 결정적인 역할을 한다.

실제로 이들의 함유량이 높은 사람일수록 시력이 우수하며, 부족할 때는 시력이 저하된다는 보고가 있다. 흥미로운 것은 달걀노른자가 노란색인 원인 역시 루테인과 제아잔틴이 풍부하게 들어 있기 때문*이라는 것이다. 황반을 '망막의 노른자위'라고 부르는 것이 단지 관용적인 문구만은 아니라는 뜻이다.

황반에 존재하는 황색 색소체들이 하는 역할이 '항산화제'라는 것은 여러모로 의미심장하다. 눈은 외부에서 빛을 직접적으로 투과시켜 몸 안쪽으로 들여보내는 빛의 창구이다. 빛은 세상을 보는 데 꼭 필요하지만, 태양빛 속에는 사물을 구별할 수 있게 해주는 가시광선 외에도 적외선과 자외선 등 다양한 파장의 빛들이 섞여 있다. 이중에서 문제가 되는 것은 파장이 짧은 빛, 즉 자외선으로 대표되는 파란색 너머의 빛들이다.

---

*   이 밖에도 루테인과 제아잔틴은 시금치, 케일, 브로콜리, 호박 등의 짙은 녹황색 채소류에도 듬뿍 들어 있다.

II. 눈을 보다

빛은 파장이 길수록 에너지가 낮고, 파장이 짧을수록 에너지가 높다는 특징이 있다. 아이의 주먹보다 어른의 주먹이 상대에게 강한 충격을 줄 수 있는 것처럼, 파장이 짧은 빛은 에너지가 높아 이와 접촉하는 망막의 광수용체에 과다한 충격을 줄 수 있다. 이때의 충격은 충격 부위에서 다량의 활성 산소를 만들어 내는 방식으로 나타난다. 즉 빛의 파장에 따른 망막 충격은 활성 산소를 만들어 내는데, 파장이 짧고 에너지가 높은 빛일수록 더 많은 활성 산소를 만들어낸다. 산소 자체는 에너지 대사에서 꼭 필요한 물질이지만 산소에서 유래된 활성 산소는 주변의 생체 조직을 산화시켜 변질시키는 물질로 기능한다.

대부분 단백질로 이루어진 생체 조직이 활성 산소와 결합되어 산화된다는 것은 단백질의 성질이 변해서, 즉 변성이 되어서 제 기능을 하지 못한다는 말과 같다. 따라서 활성 산소는 발생 즉시 제거되지 않으면 생체 조직에 치명적인 영향을 미칠 수도 있다. 따라서 산소호흡을 하는 생물체들이라면 대부분 항산화제를 가지도록 진화되었다.

더군다나 눈은 빛 에너지가 직접적으로 투과하는 생체 내 유일한 부위이기 때문에 이로 인한 타격이 클 수밖에 없다. 따라서 수정체가 유독 기를 쓰고 파란색 빛을 골라내는 이유, 요즘 들어 논란이 되는 전자기기의 '청색광'의 유해성을 둘러싼 논쟁의 이유 모두 파장이 짧은 빛(파란색과 그 너머)이 에너지가 높다는 물리학적 사실에 기반한 것이다.

실제로 에너지가 높은 빛은 인체의 거의 모든 세포를 손상시킬 수 있지만, 현실에서 인체의 대부분은 피부로 덮여 있고 피부에는 강력한 햇빛 가리개인 멜라닌 세포가 존재한다. 때문에 신체 내부 기관이 빛에 의해 손상되는 경우는 거의 없다. 하지만 유일한 예외가 망막이다.

망막이 사물을 보기 위해서는 빛에 직접 노출되어야 한다. 빛이 모이는 지점인 황반은 그중에서도 특히 빛에 의한 산화 스트레스가 심한 부위이다. 그래서 우리의 눈은 황반 부위에 세포 손상을 일으키는 활성 산소를 제거하는 항산화제로 루테인과 제아잔틴을 듬뿍 배치해 이들의 황색 파워로 푸른색 안개를 걷어내고 있는 셈이다.

이 밖에도 활성 산소 스트레스에 시달리는 망막에서는 다양한 항산화제들을 이용해 망막 손상을 방지하는데, 대표적인 것이 안토시아닌이다. 포도나 자색고구마, 블루베리의 보라색을 담당하는 색소인 안토시아닌은 색깔도 예쁘지만 하는 짓도 예쁘다. 활성 산소를 제거해 망막의 건강을 유지하는 데 도움을 준다. 이 때문에 제2차 세계대전 때 전투기 조종사들은 상공에서 사물을 좀 더 똑똑히 보기 위해서 출정 전에 블루베리잼을 듬뿍 먹었다는 기록이 남아 있다.

여담이지만 루테인(황색), 안토시아닌(적자색), 리코핀(적색, 토마토), 테아플라빈(적색, 홍차), 아스타잔틴(적색, 새우나 연어) 등 많은 종류의 항산화제들이 어떤 생물체의 독특한 색을 담당하는 색소체인 경우가 많다. '컬러 푸드color food'에 대한 예찬론은 바로 이러한 색소체의 항산화 능력에 대한 기대감이 확장되어 나타난 결과라 볼 수 있다.

황반은 어떤 역할을 할까? 황반의 주된 기능은 색을 구별하고, 중심시력을 유지하는 데 있다. 첫 번째, 황반이 색 구별 능력을 갖게 된 것은 두 가지 광수용체 중에서 오로지 원뿔세포로만 구성되어 있기 때문이다. 망막에 존재하는 원뿔세포의 대다수가 황반에 집중되어 있는 것이

157   II. 눈을 보다

다. 두 번째, 황반이 중심시력을 담당하는 것은 황반의 위치가 수정체를 통해 굴절된 빛이 모이는 초점 부위에 존재하기 때문이다. 중심시력이란 내가 무언가를 볼 때 가장 잘 보고자 하는 부위를 집중적으로 볼 수 있는 능력이다.

만들어진 지 20년이 지났지만, 여전히 대표적인 멜로 영화로 꼽히는 〈러브 레터〉에서 여주인공 히로코(나카야마 미호 분)는 등반 사고로 죽은 연인 후지이 이즈키의 기일에 그의 집에서 졸업 앨범을 보다가 충동적으로 그의 옛 주소를 팔뚝에 옮겨 적는다. 영화는 그를 그리워하는 마음을 담아 그 주소로 돌아오지 않을 편지를 보내면서 이야기가 시작된다. 이때 히로코가 팔뚝에 옮겨 적은 주소를 나중에 다시 알아보고 편지를 보낼 수 있었던 이유는 그녀의 눈에서 황반이 제대로 기능하기 때문이었다.

무언가를 볼 때 우리는 자연스럽게 우리가 보고자 하는 대상을 시야 중심에 놓고 보게 되는데, 이 부위의 상은 황반에 맺히게 된다. 만약 황반이 손상되었거나 제 기능을 하지 못한다면, 아무리 눈을 부릅뜨고 보아도 팔의 윤곽만 보일 뿐 정작 가운데 존재하는 글씨는 보이지 않는 현상이 나타난다. 그럼 시선을 돌리고 비껴서 보면 되지 않겠느냐고 반문하는 이들도 있는데, 이는 해보면 금방 알게 된다.

팔뚝에 글씨를 쓰고 눈앞에 세운 뒤 — 나중에 지우기 귀찮으면 아무거나 글씨가 인쇄된 책이나 종이를 팔뚝 대신 사용해도 무방하다 — 시선을 한 점에 고정시킨 상태에서 살짝 팔을 옆으로 움직여보라. 시야의 중심에서 살짝만 어긋나도 거기에 글씨가 있다는 사실만 인지될 뿐, 무슨 글자인지 알아볼 수 없다.

사람의 주변시력은 중심시력에 비하면 형편없을 정도로 나쁘다. 곁눈질로 사물의 형체를 흘깃 볼 수는 있어도 대상의 모양이나 색, 구체적인 모습을 정확히 볼 수 없는 것은 이 때문이다. 따라서 망막의 다른 부위가 모두 기능하더라도 황반의 기능 이상으로 인한 중심시력의 상실은 실질적으로는 실명과 매한가지이다.

황반, 작지만 작지 않은

얼마 전 TV 프로그램에서 개그맨이자 쌍둥이 아빠로 유명한 이휘재 씨가 황반변성 macular degeneration 을 앓고 있다는 소식을 방송한 적이 있었다. 시력에 있어서 기여도가 절대적이기 때문에 황반의 이상은 시력의 심각한 손상을 불러오게 된다. 황반에 이상이 생기는 원인은 크게 유전적인 것과 유전과 관계없는 것으로 나뉠 수 있는데, 유전적 황반 이상은 특정 유전자의 이상으로 인해 발병하는 증상이다. 가족력이 있고 비교적 젊은 나이에 발생하고 예방이나 치료 방법이 거의 없다는 점에서 비극으로 꼽힌다.

반면 환경적 요인에 의한 황반 이상은 고도 근시*, 노화, 흡연, 자외선 노출 등 유전자가 아닌 다른 원인에 의해 황반에 손상이 생기는 것을 말한다. 환경적 요인에 의한 황반변성 역시 완전히 변성된 뒤에는 시력을 회복시키는 것은 거의 불가능하다. 하지만 환경적 요인의 조절과 적절한 대응책으로 발병 시기와 진행 속도를 늦춰 실명이라는 최악의 상황에 도달하는 시간을 상당 시간, 혹은 죽을 때까지 연장시키는 것은 어느 정도 가능하다. 그나마 다행인 것은 다수의 황반 이상은 후자에 속하기 때문에 우리 손에 쥔 패가 아주 없지는 않다는 것이다.

가장 먼저 제거하기 쉬운 물리적 유해 요인은 흡연과 자외선이다. 금연과 자외선 차단 기능이 있는 선글라스 착용으로 비교적 손쉽게 제거할 수 있다. 하지만 환경 요인에 의한 황반변성 중 대부분을 차지하고 또 막기 어려운 것이 노화에 의한 황반변성, 즉 노인성 황반변성ARMD, age-related macular degeneration이다. 노인성 황반변성은 65세 이상 노인에게 나타나는 실명의 가장 큰 원인이다. 선진국에서는 각막이식술이나 인공수정체 삽입술의 발달로 각막 이상이나 백내장으로 인한 실명의 비율이 점차 줄어들고 있어서 전체 실명자 중 노인성 황반변성으로 인한 실명자 비율은 갈수록 높아지고 있다. 노인성 황반변성의 가장 큰 원인은 이름처럼 나이에 따른 노화로 50세가 기준이 된다. 물론 나이가 든다고 해서 모두 황반변성이 나타나는 것은 아니지만, 나이가 열 살 많아질수록 노인성 황반변성이 나타날 가능성은 약 3.6배씩 높아진다.

황반은 빛이 모이는 지점이고 끊임없이 외부의 정보를 인식하는 부위이므로 세포의 신진대사가 매우 활발한 곳이다. 황반이 활발히 작동하는 조직임을 암시하는 것이 바로 황반을 비롯한 망막의 에너지 요구량이다. 우리 몸에서 단위 면적당 에너지를 많이 쓰기로 소문난 뇌도 망막의 에너지 소모량에는 한참 못 미친다. 망막은 같은 면적의 뇌에 비해서 평균적으로도 2배 이상의 에너지를 소모하는데, 특히 빛이 집중되는 황반은 더욱더 많은 에너지를 요구한다.

많이 먹으면 많이 싸는 것이 생물체의 기본 법칙이듯, 신진대사가 활발해 영양소와 산소를 많이 필요로 한다는 것은 그만큼 이로 인한 노

---

* 근시 중에서도 수정체 조절 능력이 떨어지는 사람에 비해, 안구 자체가 길어서 생기는 근시의 경우 황반변성의 가능성이 높아진다. 이는 안구의 크기가 커지면 아무래도 망막이 당겨지면서 압력을 많이 받기 때문으로 알려져 있다. 마치 고무풍선을 크게 불었을 때 터지기 쉬운 것과 비슷한 원리이다.

폐물도 많이 만들어진다는 의미이다. 물론 우리 몸은 이에 대비해 망막과 황반에서 노폐물을 제거하는 특급 폐기물 수거 시스템을 갖춰 놓았지만, 나이가 들수록 이러한 수거 시스템은 점차 삐걱거리는 현상이 나타나게 된다. 그러면 노폐물이 제대로 수거되지 못해 황반과 그 주변 망막에 황갈색의 망막 폐기물 덩어리인 드루젠drugen이 나타난다.

드루젠의 출현은 나이가 들면 나타나는 자연스러운 현상이다. 드루젠이 존재한다는 것 자체가 시력에 영향을 미치는 것은 아니다. 다만 드루젠의 크기가 커지면 커질수록 망막의 일부가 쭈그러들어 위축되거나 망막 아래 맥락막에 물이나 피가 차서 부풀어 오르는 합병증이 나타날 위험이 커진다.

일정하고 고른 두께를 유지해야 하는 망막이 위축되거나 부풀어 오르면 당연히 이곳에 맺히는 상도 찌그러지거나 구부러지게 마련이다. 따라서 암슬러 격자를 이용해보면 황반변성의 유무를 간단히 테스트할 수 있다.

암슬러 격자의 직선이 구부러져 보이거나 시야 전체가 아니라 군데군데가 희미하게 안 보이는 현상은 황반변성의 일차적인 자가 증상으로 꼽힌다. 암슬러 격자는 기본적으로 동일한 직선과 격자라 할지라도 보는 이의 눈이 어떤 상태냐에 따라 다르게 보일 수 있음을 가정하고 있다. 세상이 아무리 반듯하고 단정해도 위축되고 부풀어 오른 눈으로 바라보면 세상은 왜곡되어 보일 수밖에 없다는 것이다.

여기서 생각해봐야 할 또 다른 것은 마음의 눈에 드리워지는 왜곡이다. 망막의 이상은 자신이 왜곡되게 세상을 보고 있다는 사실을 바로 인지할 수 있게 해주지만, 마음의 눈에 생긴 왜곡은 그 자신조차도 감지하기 어렵다. 황반변성을 방치하면 시력을 잃을 가능성이 높아지듯이, 마음의 눈에 생긴 왜곡도 방치하면 영영 세상과 소통하는 창구가 막혀버릴 가능성이 높아질 것이다.

망막을 검사해 이상을 알려주는 기계처럼 심안心眼의 왜곡도를 측정해줄 수 있는 기준이 있다면 좋겠다. 그렇다면 내 생각대로 세상이 미쳐 돌아가는 것인지, 아니면 세상은 멀쩡한데 세상을 보는 내 마음의 눈이 비딱하게 구부러진 것인지를 가늠하느라 고민하는 시간이 훨씬 줄어들 텐데 말이다.

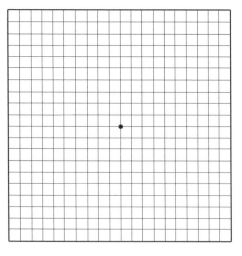

황반변성의 유무를 간단하게 테스트 할 수 있는 암슬러 격자. 안경이나 렌즈는 그대로 착용한 상태에서 한쪽 눈을 가리고 암슬러 격자의 가운데 검은 점에 시선을 고정하고 바라보았을 때, 선들이 휘어보인다거나 각 칸의 크기가 일정하게 보이지 않는다거나, 군데군데 안 보이는 곳이 있거나, 혹은 네 귀퉁이가 모두 보이지 않는 증상이 하나라도 있다면 안과를 찾아가 황반변성 검사를 받아보는 것이 좋다.

눈의 윤활유: 눈물

기원전 753년, 로마를 세웠던 쌍둥이 형제 로물루스와 레무스는 공동체를 이루는 데 있어 가장 기본적이고 원초적인 결핍으로 골머리를 앓고 있었다. 로마는 젊은 국가였다. 이는 세워진 지 얼마 되지 않았다는 것을 의미할 뿐 아니라, 구성원 대부분이 혈기왕성한 젊은 청년들이라는 뜻도 있었다. 청년으로만 이루어진 국가는 지금 당장은 젊고 강할지 모르지만 미래가 없었다. 그들에게는 세대를 이어 계속 아이들을 낳고 키워줄 아내와 어머니가 필요했다.

그들이 아내와 어머니가 되어줄 여성들을 얻기 위해 선택한 전략은 효율적이고도 비정한 것이었다. 그들은 축제를 열어 인근에 사는 사비니족을 초대한 뒤, 남자들은 살육하고 처녀들은 납치했다. 부지불식간에 당한 일에 충격이 어찌나 컸던지 남은 사비니족이 전열을 가다듬어 로마로 딸과 여동생을 되찾기 위해 진군한 것은 그로부터 몇 해 뒤의 일이었다.

그리고 벌어진 피의 승부. 그 전장 한가운데 맨몸의 사비니족 여성들이 뛰어들었다. 그녀들은 이미 로마인들의 아내가 되어 있었고 그 사이에는 아이들도 있었다. 그녀들은 자신의 남편과 오빠가, 자신을 낳아준 아버지와 자신이 낳은 아이들의 아버지가 서로 죽고 죽이는 비극을 차마 두고 볼 수 없었기에 그들에게 눈물로 싸움을 멈출 것을 호소했다. 그녀들의 진심어린 눈물 앞에 서로를 죽일 듯 덤벼들던 양 진영 남성들의 투지는 사그러 들었고, 결국 피의 전투는 눈물의 화합으로 끝이 났다.

자크-루이 다비드, 〈사비니의
여인들〉, 1799

사비니 여인들은 자신의 남편과
오빠가, 자신을 낳아준 아버지
와 자신이 낳은 아이들의 아버
지가 서로 죽고 죽이는 비극을
차마 두고 볼 수 없었기에 그들
에게 눈물로 싸움을 멈출 것을
호소했다.

　예부터 눈물은 여자의 무기라는 말이 있다. 18세기 프랑스의 계몽
철학자 볼테르는 "남자가 온갖 말을 다 하여도 여자가 흘리는 한 방울의
눈물에는 당하지 못한다"라는 말로 여성이 흘리는 눈물의 위력을 설명
했다. 그렇다면 정말로 여성의 눈물에는 남자의 마음을 녹이는 마력이라
도 존재하는 걸까?

　그동안 동물실험 결과 밝혀진 것은 오히려 암컷이 아닌, 수컷의 눈
물의 위력에 대한 것이다. 지난 2010년 일본 도쿄대의 도하라 가즈시게
교수팀은 수컷 쥐는 암컷 쥐를 유혹할 때 눈물을 이용한다는 사실을 알
아냈다. 수컷 쥐의 눈물 속에 들어 있는 ESP1이라는 페로몬이 암컷을
유혹하는 비장의 무기라는 것이다. 실험 결과 이 물질을 접하지 않은 암
컷 쥐는 매우 깐깐해서 수컷 쥐에게 짝짓기를 허락하는 비율이 10퍼센
트에 불과한 반면, ESP1에 노출된 암컷 쥐는 성적으로 매우 너그러워져
50퍼센트의 확률로 수컷 쥐의 구애를 받아들였다고 한다. 그야말로 수컷
쥐의 눈물이 암컷 쥐의 닫힌 마음을 여는 열쇠였던 셈이다. 당시 이 연구

는《네이처》에 실렸고, 과학자들의 관심사는 자연스럽게 '사람의 눈물에도 이러한 페로몬이 들어 있을까'라는 것으로 옮겨가게 된다.

그리고 2011년, 이스라엘의 바이츠만 과학연구소의 노암 소벨 박사 팀은《사이언스》에 게재한 논문을 통해 '여성의 눈물은 오히려 남성의 성적 흥분을 진정시키는 효과가 있다'는 반대되는 결과를 발표했다. 이들은 이십대 젊은 남성들을 두 그룹으로 나눠 한 그룹에게는 여성들이 슬퍼서 울 때 흘린 눈물을, 다른 그룹에게는 보통의 식염수를 패치에 적셔서 코 밑에 붙인 뒤 이들의 변화를 관찰했다.

여성의 눈물을 접한 그룹의 남성들은 식염수를 접한 남성들에 비해 심장 박동과 호흡이 좀 더 안정되었고, 남성호르몬(테스토스테론)의 분비량이 줄어들었으며, 동일한 여성에 대해서 느끼는 성적 매력도도 감소된 것으로 나타난다. 이십대의 혈기 왕성한 남성들에게 성적인 흥분을 가라앉힌다는 것은 이들을 덜 공격적이고 순해지도록 만드는 효과가 있다는 의미가 된다. 정말로 여성의 눈물은 무기까지는 아니더라도 (적어도) 남성에 대해서는 일종의 '방어막' 효과가 있는 셈이다.

눈물, T.P.O.의 대명사

인간은 사회적 동물이니만큼 살아가면서 지켜야 할 사회적 에티켓이 있다. 그중 하나는 T.P.O. 즉 시간$_{time}$과 장소$_{place}$와 상황$_{occasion}$을 지키는 것이다. 아무리 좋은 의도로 한 행동이라고 해도 잘못된 타이밍에 적절하지 못한 장소에서 맥락 없이 이뤄진다면 그 결과는 반감을 넘어 부정적이 되기 쉽다. 그중에서도 눈물은 T.P.O.의 엄격한 적용을 받는 대표적

사례다. 적당한 장소에서 적절한 타이밍에 상황에 맞게 흘리는 한 방울의 눈물은 천하의 주인도 바꾸는 위력을 지니지만, 아무 데서 아무 때나 흘러넘치는 눈물은 사회적으로 성숙하지 못한 어린애의 표상이 된다. 그렇기에 성인에게 눈물은 정말로 꼭 필요할 때만 그것도 절제해서 보여야 하는 '최후의 물약'인 셈이다. 이처럼 눈물은 때와 장소를 가려 함부로 흘려서는 안 되는 것이지만, 그렇다고 늘 바짝 마른 눈으로 살아야 한다는 말은 아니다. 오히려 우리 눈은 늘 젖은 채로 촉촉해야 한다. 젖어 있지 않은 눈은 눈으로 제대로 기능하지 못하기 때문이다.

눈물의 사전적 정의는 "눈물샘에서 나오는 분비물로, 늘 조금씩 나와서 눈을 축이거나 이물질을 씻어내는 역할을 한다"고 돼 있다. 육안으로는 구분하기 어렵지만 눈물은 눈을 감싸고 있는 3겹 구조의 복합층이다. 전체 눈물의 98퍼센트를 차지하는 수성 성분을 중심으로 지질층oily layer과 뮤신층mucin layer이라는 얇은 층이 앞뒤로 감싸고 있는 형태다. 수성 성분은 눈물샘에서, 기름 성분은 눈꺼풀 쪽의 마이봄샘에서, 그리고 뮤신층은 각막상피와 술잔세포에서 만들어지는데, 이들은 각각 정확한 양이 정확한 시간에 만들어져 정확하게 분비되는 매우 정교한 균형점을 이루고 있다.

눈물층의 가장 바깥쪽에 위치하는 지질층은 눈물에 기름막을 덮어 증발을 더디게 하는 작용을 하며, 뮤신층은 각막을 매끄럽게 코팅하는 역할을 한다. 밤새 눈을 감고 자다가 일어나도 눈꺼풀과 각막이 들러붙지 않는 이유도 뮤신의 코팅 능력 덕분이며, 호시탐탐 눈을 노리는 많은 미생물들이 눈알에 달라붙지 못하고 눈물과 함께 씻겨 내려가는 것 역시도 얇지만 믿음직한 뮤신이 눈을 꼼꼼하게 감싸고 있는 덕분이다.

　이처럼 눈물의 기능은 첫째, 외부의 유해인자로부터 눈을 보호하는 역할을 하는 것이며, 둘째는 각막 표면을 촉촉하게 적셔 시력을 정상적으로 유지하는 것이다. 외부의 유해인자로부터 눈을 보호하기 위해 눈물이 존재하는 것은 이해하기 쉽다. 눈은 외부로 열려 있기 때문에 티끌이나 먼지 같은 이물질에 쉽게 노출되며, 각종 세균과 바이러스 같은 미생물 침입에도 취약하다. 다시 말해, 눈 표면에서 이물질을 씻어내는 청소부 역할과, 미생물들이 자리 잡아 세를 불리지 못하도록 이들을 억제하는 경호원 역할을 동시에 하는 것이 눈물이다. 하지만 젖은 눈이어야 세상을 잘 볼 수 있는 이유는 얼핏 이해되지 않는다. 왜?

　눈이 젖어 있어야 잘 볼 수 있는 근본적인 이유는 우리가 생명체이기 때문이다. 흔히 눈을 렌즈나 유리창에 비유하는 것에 익숙해 눈을 매끄러운 재질이라 생각하기 쉽다. 하지만 기능이 같다고 재질이 같은 것은 아니다. 눈은 생체의 일부이기 때문에 눈의 가장 외부 표면인 각막 역시도 일종의 세포다. 각막의 표면은 겉으로 보면 매끈해 보이지만, 이를 확대해보면 세포막 위로 돌출된 수많은 융모들로 인해 매끄럽지 않다. 이 상태에서 눈으로 들어오는 빛은 이 융모들로 인해 난반사하게 마련이다. 이렇게 빛이 제멋대로 튀어서는 시야가 선명해지지 않는다.

　우리의 눈은 이를 해결하는 방법으로, 울퉁불퉁 튀어나온 융모들을 깎아서 매끄럽게 하는 방법이 아니라, 이 융모를 눈물로 감싸 안음으로써 해결한다. 타고난 다양함을 깎아내 일렬로 세우는 것보다, 모두를 감싸 안아 화합하는 것이 더 유용한 문제의 해결법임을 원래부터 알고 있었다는 듯이 말이다. 눈물은 울퉁불퉁한 각막 표면을 코팅해 매끄럽게 만들어줌으로써 빛의 난반사를 줄여 우리가 세상을 좀 더 명확하게 바라볼 수 있게 해준다. 눈물의 3개층 중에 가장 바깥층이 지질층인 것도 도움이 된다. 증발이 잘 되는 물을 기름층으로 덮어씌워 증발을 더디게 하고 매끄러운 기름 층으로 한 번 더 덮어 빛의 난반사를 줄이기 때문이다.

하지만 아무리 기름층으로 덮여 있다 하더라도 눈물층 자체는 워낙 얇기에 눈물은 금방 증발한다. 게다가 눈물의 일차적 기능이 눈을 씻어내는 것이기에 눈물은 계속 순환해야 한다. 따라서 눈물은 눈을 둘러싼 여러 개의 눈물샘에서 만들어져 공급되고, 눈을 고루 적신 뒤 눈물관을 통해 코로 빠져나가고 이들이 빠져나간 자리를 새로 만들어진 눈물들이 채운다. 눈물을 흘리며 울면 콧물까지 증가하는 이유가 여기에 있다. 애초부터 눈물의 마지막 종착지는 코 속이므로.

이렇게 눈물은 증발과 배수를 통해 조금씩 유실되므로 눈물은 계속해서 공급되어야 한다. 눈에 눈물을 공급하는 것은 아주 쉽다. 그저 눈을 깜빡이기만 하면 되니까. 눈을 감았다 뜨는 순간, 눈을 둘러싼 수십 개의 눈물샘에서는 저마다의 할당량을 내놓고, 눈꺼풀은 이를 눈 표면에 고루 퍼뜨린다. 눈을 감았다 뜨는 행위는 마치 자석 스케치보드의 막대를 움직이는 것과 같다. 그러면 이전의 그림은 모두 지워지고 다시 철가루로 가득 채워진 하얀 판이 나오는 것처럼, 눈을 깜빡이는 순간 눈에 다시 눈물이 고르게 공급된다. 차이가 있다면 자석 스케치보드의 철가루들은 아무리 지워도 늘 처음 넣었던 그대로이지만, 눈꺼풀은 감았다 뜰 때마다 새로운 눈물이 다시 눈을 감싼다는 것이다.

눈의 깜빡임은 특히나 눈꺼풀에 있는 마이봄샘의 지질층 분비를 돕는데, 눈을 빠르고 세게 감을수록 눈물의 분비는 늘어난다. 반대로 눈 깜빡임이 줄어들면 눈물이 말라 눈이 뻑뻑하고 불편한 건성안 증상을 나타낼 수 있다. 그래서 우리의 뇌는 3~4초마다 한 번씩 눈을 깜빡여 눈물을 공급하도록 '눈꺼풀 셔터 프로그램'을 가동시키는 중이다. 문제는 이 '눈 깜빡임' 명령어의 우선순위가 그리 높은 편이 아니라는 것이다. 무언가를 집중해서 볼 때는 '눈 깜빡임' 명령어는 뒤로 밀리는 일이 자주 일어나는데 그래서 등장한 증상이 '사무실 눈 증후군Office eye syndrome'이다.

이는 사무실에서 일할 때는 눈이 뻑뻑하고 불편하다가도, 막상 안과를 찾아가서 검사하면 아무 이상이 없다는 판정을 받아 사람들을 헷갈리게 만드는 증상이다. 이유는 사무실에서 일할 때는 컴퓨터 모니터, 문서를 뚫어지게 바라봐야 하는 일이 잦기에 사람들은 무의식적으로 눈을 덜 깜빡인다. 여기에 건조한 사무실 공기는 눈물의 증발 속도를 높여 가뜩이나 마른 눈이 더욱 뻑뻑해진다.

눈물이 적당히 있어야 빛의 난반사가 줄어드는데, 눈물이 말라 이 효과가 떨어지니 아무래도 침침한 느낌이 드는 것이다. 그래서 눈에 이상이 있나 싶어 안과를 찾아가면, 사무실을 나와 병원으로 오는 동안 — 그동안 스마트폰에 눈길을 빼앗기지만 않는다면 — 다시 눈 깜빡임 명령어가 제자리를 차지해 눈을 부지런히 적신 탓에 아무 이상이 없는 것으로 나오는 것이다. 그러니 눈이 피로하다는 느낌이 든다면 일단 눈부터 열심히 깜빡여보자.

메마른 눈, 건성안

TV와 컴퓨터, 스마트폰에 익숙한 현대인들에게 눈 깜빡임 명령어는 매우 자주 우선순위에서 이탈한다. 따라서 '메마른 눈'을 호소하는 이들을 찾는 건 지하철에서 스마트폰을 가진 사람을 찾는 것만큼이나 쉽다. 그래서 대부분은 눈이 좀 뻑뻑해도 이를 질병으로 인식하지 않는다. 하지만 메마른 눈도 질환이 될 수 있다. 대표적인 경우가 쇼그렌 증후군이다.

쇼크렌 증후군은 1933년 스웨덴의 안과 의사인 헨릭 쇼그렌Henrik Sjogren이 처음 명명한 질환으로 침샘, 눈물샘, 기관지샘, 땀샘, 피지샘 등 전신의 외분비샘들에 만성 염증이 발생하고, 결국에는 조직 손상으로 기능이 저하되는 질환을 말한다. 외분비샘들이 파괴되므로 당연히 이들의 분비량이 급격히 떨어진다. 눈은 말라 침침해지고, 입이 바짝바짝 타들어가며, 피부는 가뭄 끝의 논바닥처럼 갈라지기 일보 직전의 상태가 된다. 이 정도가 되면 일상생활에 큰 불편을 초래하므로 당연히 치료를 해줘야 하는데, 단순히 마른 눈도 증상만 덜할 뿐 대응이 필요하다.

쇼그렌 증후군처럼 극심하지 않더라도 건성안은 안과에서 일종의 면역질환으로 받아들여진다. 눈물샘의 기능 저하 등으로 인해 눈물의 양이 줄어들면, 아무래도 눈을 닦아내는 청소 기능이 떨어진다. 눈을 제대로 닦아내지 못하면 눈에 자극을 주는 이물질과 미생물들의 유착 빈도가 높아지게 되고, 이들의 물리적/생물학적 자극으로 인해 눈에는 기본적으로 염증성 환경이 조성된다. 그리고 이런 염증성 반응이 지속되면 결국 눈물샘을 이루는 조직들이 면역 반응에 의해 파괴될 수 있고 이는 건성안을 더욱 심화시킨다. 또한 한 번 파괴된 눈물샘 조직들은 다시 복구되지 않으니 증상을 더욱 심각하게 만든다.

이처럼 눈물의 1차적 존재 가치는 눈을 보호하는 것이기 때문에 눈을 가진 생물체라면 당연히 눈물이 만들어진다. 동물도 눈을 마르지 않게 보호하고, 눈에 들어간 이물질을 빼내기 위해 눈물이 필요한 것이다. 하지만 감정적인 배출구로 눈물을 이용한다는 점에서는 사람을 따라올 동물이 없다. 사람은 감정을 표출하는 용도로 눈물을 영리하게 이용할 줄 아는 존재니 말이다.

우리는 아프거나 슬프거나 졸릴 때는 물론 심지어 기쁘거나 화가 머리끝까지 나거나 너무 우습거나 감동했을 때에도 눈물이 나온다. 흥미로운 것은 감정 상태에 따라서 눈물의 성분이 약간씩 달라진다는 것인데 이런 반응성 눈물 속에는 카테콜아민류의 스트레스 호르몬이나 감정을 조절하는 신경전달 물질들의 함유량이 평소에 분비되는 눈물보다 더 많이 포함되어 있다. 그래서 감정이 북받칠 때 실컷 엉엉 울고 나면 슬픔도 덜해지고 시원한 느낌이 드는 것은 단순히 심리적인 이유 때문만이 아니라, 이런 생화학적 이유가 저변에 깔려 있기 때문이다.

또한 눈물은 감정의 배출구로 큰 역할을 담당하기도 한다. 1997년, 영국의 전 황태자비 다이애나가 교통사고로 사망하자 영국 전역은 큰 슬픔에 빠져들었고, 많은 영국인들은 며칠 동안 그 소식을 보며 눈물을 흘렸다. 그런데 이 사건 이후, 영국에서는 우울증으로 치료받는 사람이나 정신적 고통을 호소하는 사람의 비율이 눈에 띄게 줄어들었다는 흥미로운 보고가 나왔다.

혹자들은 이들 '다이애나 효과Diana effect'라고 불렀는데, 이는 그녀의 죽음을 슬퍼하면서 눈물을 흘리는 행동 자체가 일종의 감정 해방구 역할을 하여 정신적인 치유제 역할을 했기 때문이라는 해석이다. 즉 감정을 숨기고 분노를 마음 깊숙한 곳에 쌓아두는 것보다 이를 겉으로 드러내 한바탕 눈물로 흘려버리는 것이 오히려 정신 건강에 이로운 일이라는 것이다. 사람이 이처럼 감정적인 눈물을 '잘' 흘리도록 자연선택된 것은 그렇게 마음의 짐을 털어버리는 것이 정신을 건강하게 유지하는 데 이롭고, 이는 사람이라는 종이 생존하는 데 있어 유리했기 때문이다. 각종 스트레스가 심해지고 있는 현대 사회, 어쩌면 우리에게 필요한 것은 제대로 '잘 울 수 있는 능력'일지도 모른다.

이쯤에서 의식적으로라도 눈을 깜빡여줘야 할 것 같다. 눈물은 눈을 늘상 9마이크로미터의 두께로 감싸 안으려 한다. 증발과 배수로 소실되는 양을 계산하더라도 하루 종일 만들어지는 눈물은 불과 5밀리리터에 불과한 사소한 양이다. 다양한 감정 플러그들이 점화되면 눈물의 양은 더 늘어나겠지만, 그래도 우리 몸이 지닌 수분의 양에 비할 바가 못 된다. 그러나 사소하지만 결코 사소하지 않은 것이 또한 눈물이다.

눈 안에서 흐르는 눈물은 생물학적 시야를 유지시키고 눈 밖으로

먹잇감을 물어뜯는 순간 눈물을 흘리는 악어와 그 눈물을 마시는 나비.

흐르는 눈물은 마음의 시야를 확장시킨다. 눈물은 슬픔을 위로하고 상처를 치유하며 의지를 북돋운다. 마음의 키는 눈물을 먹고 자란다. 눈물 젖은 빵을 먹어본 사람만이 인생의 무게감을 알게 되는 것처럼, 잠든 아이의 머리칼을 쓰다듬으며 흘리는 어머니의 눈물이 얼마나 뜨거운지, 힘겹게 기울이는 아버지의 술잔에서 나는 눈물 맛이 얼마나 아린지 깨닫는 순간 비로소 아이는 어른이 된다.

하지만 모든 눈물이 다 약이 되는 것은 아니다. 악어의 눈물은 오히려 독이 된다. 먹잇감을 물어뜯는 순간 흐르는 악어의 눈물은 자신에게 목숨을 빼앗기는 존재에 대한 동정심 때문이 아니라, 턱에 강한 힘을 주면서 발생하는 반사작용일 뿐이다. 그나마 악어의 눈에서 흐르는 눈물은 나트륨이 부족한 작은 새나 나비에게 잠시의 목축임이 될 수도 있지만, 사람의 눈이 억지로 짜내는 '악어의 눈물'은 보이지 않는 희생자들의 숨통을 조이는 치명적인 독약이 된다. 언제쯤 악어의 눈물에 속아 피눈물을 흘리는 사람들이 사라지게 될까.

II. 눈을 보다

눈의 결정적 한 방울: 방수

흘러야 함에도 흐르지 못하고 고여 있는 물의 위력을 경험해본 적이 있는가. 가둬진 물이 위험한 것은 사실 물의 피할 수 없는 속성이라기보다 지구라는 환경에서 오는 중력 때문이다. 하지만 지구상의 물은 중력의 영향을 거부할 수 없기에, 늘 낮은 곳으로 흘러가는 성질을 가진다. 중력에 의해 좀 더 낮은 곳으로 임하고픈 물의 열망은 종종 자신을 가두고 속박하는 존재를 터트릴 만큼 강력하다.

눈, 즉 안구는 동그란 모양을 가지고 있다. 하지만 단단하지 않다. 단단하지 않은 물체가 중력과 기압에 저항해 원래의 모양을 그대로 유지하기란 쉽지 않다. 주변의 기압보다 내부 기압이 낮으면 물체는 찌그러지며, 반대의 경우에는 부풀어 오르다가 터질 수 있다. 차가운 곳에 넣어둔 풍선이 찌그러지거나, 전자레인지에 넣고 돌린 날계란이 폭탄으로 변하는 것은 이 때문이다.

눈 역시 제대로 모양을 갖춘다는 것은 쉬운 일이 아니다. 또한 빛을

무중력 상태에서 물은 스스로의 표면장력으로 인해 동그랗게 뭉쳐질 뿐, 흐르지 않는다.

받아들이고 상을 맺히게 하는 눈의 특성상, 약간의 모양 변화로도 초점이 틀어지기 때문에 정확한 안구 형태를 유지하는 것은 매우 중요하다. 이를 일차적으로 담당하는 것은 유리체이다. 눈의 내부에서 가장 많은 면적을 채우고 있는 유리체는 젤라틴처럼 생긴 투명한 젤 형태의 물질(젊었을 때는 형태가 있지만 나이가 들면 유리체가 녹아서 완연한 액체 형태로 변한다)이다. 이들은 눈이 공 모양을 유지하는 일차적인 버팀목 역할을 한다. 하지만 눈은 풍선처럼 단순한 구조가 아니기에, 이것만으로는 안구 전체뿐 아니라 안구를 구성하는 각각의 부속물들을 정확한 형태로 유지시키는 데 부족하다.

이 경우 가장 문제가 되는 것이 각막과 수정체 사이의 공간이다. 23쪽 그림을 보면 눈은 가장 외부에 각막이, 그 안쪽으로 빛의 유입량을 조절하는 홍채와 수정체가 있고, 또 그 안쪽이 유리체로 채워진 구조를 가지고 있다. 애초 눈의 발생 과정에서 안구 전체는 통으로 자라지만, 수정체만은 따로 자라서 나중에 안구 앞쪽에 자리 잡게 된다.

수정체는 물체의 원근에 따라서 두꺼워지거나 얇아지면서 빛의 꺾임을 조절하는데, 이를 도와주는 것이 수정체 끝에 붙은 일종의 근육이자 신축성 좋은 고무줄 역할을 하는 섬모체(다른 말로 수정체의 모양을 결정해서 모양체라고 부르기도 한다)다. 즉, 수정체가 제 스스로 두꺼워졌다 얇아졌다 하는 것이 아니라 섬모체가 수축해서 짧아지면 수정체는 잡아당겨져 얇아지고, 섬모체가 이완되어 느슨해지면 수정체는 잡아당기는 힘이 사라져 원래대로 둥근 모양으로 되돌아가는 것이다.

어쨌든 수정체와 섬모체로 인해 안구 내부에는 하나의 격벽이 생겨나고 이로 인해 눈 내부와 각막 사이에 공간이 만들어지게 된다. 그런데 이 공간이 비어 있다면 앞서 언급한 것과 같은 문제가 생긴다. 즉, 외부에서 누르는 기압과 이 기압에 대응하기 위해 안구 내부에 가득 채워 놓은 유리체가 밀어내는 압력 때문에 수정체와 각막은 양쪽에서 밀어대는 힘으로 서로 딱 달라붙거나 찌그러질 가능성이 높다는 것이다. 그래서 수정체가 원활하게 움직이기가 어려워진다. 따라서 눈은 수정체와 각막 사이의 공간에 적절한 압력을 가진 액체를 채워 이를 보완한다. 그 역할을 수행하는 것이 바로 '방수'다.

방수房水, aqueous humor란, 말 그대로 '방에 든 물'이라는 뜻의 액체로, 섬모체에서 만들어진다. 자신 때문에 생긴 공간이니 스스로 책임지고 여기를 채워 넣겠다는 섬모체의 굳은 의지가 엿보이는 셈이다. 방수는 각막과 수정체 사이의 공간, 각막 안쪽의 방房에 들어참으로써 각막의 형태를 유지시키고, 투명성을 위해 혈관을 포기한 각막과 수정체에게 영양분을 공급하는 역할을 한다. 단순히 공간을 채우는 것만이 아니라 영양분을 공급한다는 것은 방수가 고인 물이 아니라, 순환되는 물이어야 한다는 전제를 포함한다. 고여 있다면 지속적인 영양 공급은 불가능할 테니까.

따라서 섬모체는 분당 2~3마이크로리터의 방수를 만들어 꾸준히 공급하고, 홍채 뒤에 위치한 섬모체에서 만들어진 방수는 동공을 통해 홍채 앞으로 나온 후 홍채의 뿌리와 각막의 안쪽 끝부분에 위치한 일종의 배수구를 통해 흘러나간다. 방수가 흘러나가는 배수구를 섬유주 trabecular meshwork라고 하는데 대부분의 방수는 섬유주를 통과하고, 쉴렘관Schlemm's canal에 모인 후 상공막 정맥episcleral vein을 통해 심장으로 다시 들어가 혈액과 만난다. 섬모체는 흘러나간 만큼의 방수를 다시 공급해 각막과 수정체 사이의 공간이 적절하게 유지되도록 조절한다.

이처럼 방수는 평상시 눈의 구조와 시력 유지를 위해 꼭 필요한 존재이다. 하지만 단서가 붙는다. 적정량이 제대로 흘러야 한다는 것이다. 만약 방수가 제대로 흐르지 못한다면 방수가 안 만들어지느니 못한 결과가 초래된다. 변기나 하수구가 막힌 것을 모르고 물을 내렸다가 처참한 상황을 겪은 사람은 많다. 흐르는 물길을 막았다가 주변의 생태계를 파탄시켰다거나, 가둬둔 물 혹은 조직이 썩고 부패해서 문제를 일으켰다는 사례는 셀 수 없이 많다.

흥미로운 것은 우리 눈 안에서도 비슷한 일이 일어난다는 것이다. 제 역할을 다한 방수는 흘러나가야 하는데, 만약 어떤 이유로든 방수를 배출하는 배수구가 좁아지거나 막혀서 이 과정이 원활해지지 않는다면 문제가 발생한다. 현실에서 이런 일이 일어나면 얼른 수도꼭지를 잠그고 더 큰 불상사를 막을 수도 있지만, 눈 안의 방수 생성 시스템에는 수도꼭지가 없기에 잠글 수가 없다. 방수가 빠지건 말건 섬모체는 계속해서 방수를 만들어내니 결국 과도한 방수로 인해서 안구 전체가 눌리는 현상이 나타나게 된다. 방수의 배수 불량으로 인한 눈 내부의 압력 상승을 '안압이 높아졌다'고 표현하며 안압 상승은 상당수가 녹내장이라는 치명적인 결과로 이어진다.

바다색 동공과 커다란 눈동자

녹내장은 시각신경이 위축되어 점점 시야가 좁아지다가 시각신경의 괴사로 시력을 상실하는 질환을 말한다. 백내장白內障은 수정체가 하얗게 변하며 시야를 가리는 질환으로 '하얀 어둠'이라고 묘사된다. 따라서 녹내장綠內障, glaucoma 역시도 '녹색'과 연관이 있다는 선입견을 자아낸다. 급성 녹내장의 경우에는 갑작스러운 심한 안압 상승과 각막 부종으로 내부가 혼탁해지면서 동공의 색이 불투명한 푸른색으로 변하는 상황이 종종 발생하는데, '글라코마glaucoma'라는 단어에 청녹색 혹은 올리브색이라는 의미가 담겨 있어서 이런 이름을 붙였다고 한다.

실제로 고대 그리스 의학자 히포크라테스는 "한 번 동공이 바다색으로 변하면 시각은 파괴된다"라는 기록을 남겼다. 또한 어떤 이들은 녹내장은 그리스어로 올빼미를 뜻하는 '글라우코스glaukos'나 불이 이글이글 타오르는 현상을 의미하는 '글라우소glausso'에서 유래된 말이라고 유추하기도 한다.

선천성 녹내장을 가지고 태어난 아이의 경우, 안구 내부의 높은 압력이 상대적으로 유연한 어린아이의 눈 조직과 만나면서 홍채가 확장되어 번쩍번쩍 빛나는 것처럼 보인다. 그 바람에 매우 큰 눈동자소눈증, buphthalmos를 가지게 된다. 하지만 녹내장의 다양한 갈래 중 눈동자가

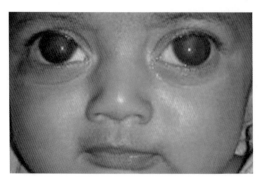

선천성 녹내장으로 큰 눈동자를 가지고 태어난 아기.

바다색으로 변하는 급성 녹내장과 눈동자가 커지는 선천성 녹내장이 차지하는 비율은 높지 않다.

대부분의 녹내장은 성인이 된 뒤, 그것도 마흔 살을 넘긴 뒤에 주로 나타나며 증상도 천천히 진행되는 만성 녹내장인데, 이 경우 바다색 동공이나 커다란 눈동자는 특징적으로 나타나지는 않는다. 즉 초록색 어둠으로 실명하는 질환은 아니라는 것이다.

겉으로 드러나는 특징이 어떻든 녹내장은 시각신경의 위축으로 인해 나타나는 증상이다. 시각신경이 위축되는 이유는 여러 가지가 있지만, 그중 가장 널리 알려진 것이 방수의 배출 불량으로 인한 안압 상승*이다.

일반적인 안압은 10~21mmHg(1mmHg=1Torr(토르), 평균 15토르)이므로, 안압이 22토르 이상이거나, 정상 범위에 속하더라도 양쪽 눈의 안압 차이가 5토르가 넘어가면 일단 녹내장 발생 여부를 염두에 두고 정밀 검사를 받아보는 것이 좋다. 안압은 나이에 비해 높아지는 현상이 나타나므로 현재는 마흔 살이 넘으면 정기적인 안압 검사**를 받는 것을 추천하고 있다. 나이가 들면 노화 현상의 하나로 수정체가 두꺼워지고 뻣뻣해지며 홍채 쪽으로 밀려나면서 방수가 흐르는 길목이 좁아지는 현상이 나타나기 때문이다. 이 밖에도 방수가 배출되는 배수구인 섬유주의 구조 변화나 배수관 역할을 하는 쉴렘관에 문제가 생기는 등 다양한 이유로 방수 배출에 문제가 생기면 안압은 높아진다.

---

* 안압이 높으면 녹내장 발생 위험률이 기하급수적으로 올라가지만, 모든 녹내장 환자에게서 안압 상승이 관측되는 것은 아니다.
** 마흔 살이 넘으면 건강 검진에서 안압 검사를 추가하는 것이 좋다. 안압 측정에는 각막에 압축된 공기를 뿜어서 일시적으로 각막을 납작하게 만든 뒤에, 각막이 다시 원래대로 되돌아오는 시간을 재는 방법을 가장 많이 쓴다. 안압이 높으면 아무래도 정상적인 안구에 비해 복원시간이 빨라질 것이라는 데 착안한 검사법이다.

그렇다면 안압 상승이 어떻게 시력 상실로 이어지는 것일까? 안압이 상승하면 시신경도 눌러서 위축되고, 이 압력이 해소되지 못하고 지속되면 계속된 압박에 견디다 못한 시신경들이 죽어가기 시작하는데, 시신경이 제대로 작동하지 못하면 뇌로 영상이 전달되지 못하므로 결국에는 시력을 잃게 되는 것이다.

전자제품을 사용할 때 전선이 가구 밑에 눌리거나 끼이지 않도록 주의하라는 설명서를 볼 때가 있다. 지속적인 압력은 전선에 손상을 주어 끊어지게 만들 수 있기 때문이다. 마찬가지로 지속적인 압력을 받는 시신경은 결국 위축되다가 괴사되어 실명을 유발한다. TV 뒤에 꽂는 안테나선이 빠지거나 끊어지면 멀쩡한 TV를 볼 수 없는 것과 마찬가지 이치다.

그나마 TV라면 빠진 선을 다시 제대로 꽂거나 끊어진 안테나선을 새 것으로 교체하면 되지만 한 번 죽어버린 시신경은 무슨 수를 써도 되돌릴 수 없기에, 녹내장으로 인한 실명은 매우 치명적이다. 그런데 이토록 치명적인 결과를 가져오는 것이 겨우 0.2밀리리터에 불과한 방수가 제대로 배수되지 않은 탓이라니. 눈이 얼마나 예민하고 정교한 장치인가 감탄이 절로 나온다. 또한 흐르는 것은 흐르는 대로 놓아두어야 한다는 옛 선조들의 가르침이 얼마나 깊고 다양한 방면에 두루 적용되는지 새삼 고개가 숙여진다. 우리 눈에서 제대로 흘러야 하는 것은 눈물이 아니라 어쩌면 방수일지도 모른다.

안근육과 사시

그런 경험이 있는가. 방금 전까지 멀쩡하던 세상이 갑자기 빙그르르 돌아 뒤집히는 듯한 경험 말이다. 내 경우 그건 은유가 아니라 물리적인 경험이었다. 마치 사방팔방으로 회전하는 자이로스코프에 묶여버린 기분이었다. 동시에 누가 내 귀 속에 물이라도 한 바가지 부어넣은 양 소리가 물에 잠기는 느낌도 찾아왔다.

어지러움을 느끼는 사람들이 가장 먼저 떠올리는 건 빈혈이다. 하지만 의식은 명료했고 눈앞이 깜깜해진 것도 아니었다. 내 눈은 흔들림만을 보여주었고, 내 귀는 소리를 전해주지 않았다. 뭔가 심상찮음을 깨달은 친구들은 나를 등에 업고 학교와 맞닿은 대학병원 응급실로 뛰어갔다. 몇 명의 의료진을 거쳐 내가 도착한 곳은 뜻밖에도 이비인후과 병동이었다.

메니에르라고 했다. 메니에르란 평형감각을 담당하는 내이_{內耳} 부근에 과도하게 림프액이 들어차면서 평형감각 소실, 심한 어지럼증, 이명과 난청, 구토 등의 증상을 동반하는 질병이었다. 일시적 청각 상실이 동반되는 극심한 어지럼증이 초대받지 않은 불청객처럼 불쑥불쑥 내 삶에 끼어들기 시작한 건 그때부터였다. 그 이후로 어지럼증을 이유로 병원에 갈 때마다 의사는 내 얼굴에 스노클링을 할 때 쓸 것 같은 커다란 고글을 씌운 뒤, 눈동자를 유심히 바라보곤 했다. 종종 그 상태로 머리를 잡아 크게 흔들고 난 뒤 다시 관찰하기도 했다. 가뜩이나 어지러운데 머리를 잡고 흔들다니! 화가 났지만 그런 흉측한 고글을 쓰고 의사를 쏘아 본들 부질없는 짓이었다. 시간이 지나 의사가 눈으로 직접 관찰하던 수동형 고글은 컴퓨터에 연결되어 화면으로 눈동자를 관측할 수 있는 전자고글로 바뀌었지만, 여전히 의사들은 내가 어지러움을 느껴 병원을 찾을 때마다 내 눈동자의 움직임을 관찰하곤 한다. 어지럼증의 원인은 귀에 있는데, 왜 눈에 주목하는 것일까.

이유는 내 눈동자의 떨림 때문이었다. 눈을 떴을 때, 눈에 들어오는 모든 시야가 다 고르게 보이는 건 아니다. 특히 사람은 중심시력과 주변시력의 차이가 크기 때문에 뭔가를 집중해서 보기 위해서는 시선, 정확히 말하자면 안구로 빛이 유입되는 동공을 보고자 하는 대상에 맞추어 눈동자를 움직여야 한다. 이는 쉬운 일이 아니지만, 대부분의 사람들은 꽤 잘 수행한다.

팔랑거리는 나비를 쫓아다니는 고양이처럼 그냥 대상을 따라서 움직이는 것이 뭐가 어려운 것이냐고 반문할지도 모른다. 하지만 사람의 시야에서 가장 명확히 보이는 중심 시야는 매우 좁다. 사람의 시야 각도는 좌우를 합쳐서 약 200도에 달하지만, 그중에서 정확히 인간이 볼 수 있는 시야는 1~2도에 불과하다. 시야각 1도란 엄지를 치켜들고 팔을 눈앞으로 쭉 뻗었을 때, 엄지의 손톱이 차지하는 크기 정도이다. 즉, 사람의 시야에서 정확히 잘 보이는 범위는 문자 그대로 손톱만 한 것이다. 따라서 우리는 일상에서 무언가를 정확히 보기 위해서는 끊임없이 시선을 움직여야 한다.

또한 눈은 상하전후좌우로 움직임이 가능한 머리라는 이동장치에 놓여 있기 때문에 머리의 움직임과 몸의 흔들림을 감안하여 끊임없이 초점 거리를 재조정해야 한다. 우리가 거리를 걷는 중에도 휴대폰 문자를 확인할 수 있거나 흔들리는 차 안에서 책을 볼 수 있는 이유는 이처럼 머리의 흔들림에도 굴하지 않고 순간순간 초점을 맞출 줄 아는 눈의 놀라운 미세조정 능력 때문이다.

그런데 메니에르처럼 내적 평형감각에 이상이 생기는 경우, 눈은 혼란을 느낄 수밖에 없다. 분명 귀에서 뇌로 전달하는 신호는 내 몸이 지금 마구잡이로 흔들리고 있음을 나타내지만, 눈이 보는 세상은 흔들리지 않음을 뇌에 전한다. 이 감각의 불일치로 인한 혼란은 다시 안구 운동에도 영향을 미쳐 눈동자가 내 마음과 다르게 흔들리는 안구진탕증이 나타나게 된다. 지속적인 안구진탕증은 시력 저하를 동반하게 되고, 증상이 반복적으로 심각하게 나타나면 결국 시력을 잃을 수도 있기에 의사는 귀에 문제가 생긴 내 눈을 그토록 열심히 들여다보았던 것이다.

머리가 바쁜 비둘기들

빛이 좋은 봄날, 아이들 손을 잡고 공원에 나가니 어디서인지 비둘기들이 다가온다. 그런데 가만 보니 뭔가 부조화스럽다. 움직임을 거부하는 듯한 몸과는 달리 매우 민첩하게 움직이고 있는 머리의 모양새가 그렇다. 비둘기는 걸을 때마다 박자를 맞춰 고개를 주억거렸고, 한 자리에 못 박힌 듯 멈춰 서 있을 때조차 머리는 사방으로 재빠르게 움직여댔다. 마치 1초에 한 번씩 무언가에 놀라는 듯한 모습이었다. 하지만 몸은 제자리에 박혀 있으니 진짜로 놀라는 것 같지도 않다. 그렇다면 도대체 왜 비둘기들은 이토록 헤드뱅잉에 집착하는 걸까?

답은 눈, 정확히는 눈을 둘러싸고 있는 근육에 있다. 비둘기는 사람과 달리 안구를 움직이는 근육이 발달하지 않아 안구를 움직일 수 없다. 안구를 움직일 수 없다는 것은 단순히 눈동자를 데굴데굴 돌릴 수 없다는 것으로만 끝나지 않는다. 사람들은 대부분 걷거나 움직이면서도 특정 대상을 보는 것이 가능하다. 걸어가며 가로수를 본다고 가로수가 움직이는 것처럼 보이지는 않는 것이다. 이는 우리 몸의 평형 센서가 머리의 움직임을 감지하고 그에 맞춰 끊임없이 안근을 움직여 시야를 재조정하기 때문이다. 이 모든 과정이 특별히 의식하지 않아도 일어나기에 우리는 움직이면서 물체를 보는 것이 그다지 어려운 일이 아니라고 생각한다.

하지만 비둘기는 다르다. 비둘기는 안구를 움직이는 근육이 발달되어 있지 않기 때문에 이동하는 과정에서 초점이 맞지 않아 시야가 흐려질 수 있다. 이를 상쇄하기 위해 비둘기가 선택한 전략은 '꿩 대신 닭'이라는 표현처럼 '눈 대신 머리'를 움직이는 것이다. 앞으로 나아가면 비둘기의 입장에서는 세상이 자신 쪽으로 다가오는 느낌이 든다.

일차적으로 비둘기는 이를 피하기 위해 목을 뒤쪽으로 쭉 뺀다. 하지만 머리라는 것이 어디까지나 어깨 위에 얹혀 있으므로 길게 늘이는 건 곧 한계에 부딪친다. 그럼 비둘기는 다시 고개를 재빨리 앞으로 잡아당겨 몸과 같은 선에 가져다 놓는데 이 과정에서 시야를 재조정해 다시 뚜렷한 시야를 확보한다. 그래서 비둘기는 걸을 때마다 발걸음에 맞춰 리드미컬한 목 운동을 반복하는 것이다.

만약 우리가 비둘기처럼 생겼다면 누구나 맷돌춤의 대가가 되어 있을 것이다. 하지만 우리는 눈을 움직일 수 있는 근육이 있기에 맷돌춤을 출 필요가 없다. 천만다행한 일이다. 사람의 머리는 꽤 무겁기 때문에 우리가 비둘기처럼 고개를 주억거리고 다닌다면 대부분은 얼마 못 가 목 디스크에 시달릴 테니까. 어쨌든 사람의 눈에는 비둘기와는 달리 비교적 자유롭게 움직일 수 있는 여섯 가닥의 근육이 붙어 있기에 상대적으로 머리를 덜 움직여도 괜찮다. 물론 비둘기에 비해서 덜 움직여도 된다는 것이지 머리를 안 움직여도 된다는 것은 아니다.

사람은 애초에 시야각 자체가 좁은 편인데다가 중심 시야도 좁아서 눈을 움직이는 것만으로는 한계가 있어 무언가 더 잘 보고 싶은 것이 있으면 고개를 돌리고 목을 쭉 빼야 한다. 다만 안근이 이 수고를 조금 덜어주는 것뿐이다. 눈에 붙은 4개의 직근은 각각 위아래와 좌우 방향의 운동을 담당하고, 2개의 사근은 안쪽과 바깥쪽의 회전 운동을 담당한다. 이 여섯 개의 근육 덕에 우리는 눈을 치켜뜨거나 눈을 내리깔 수 있으며, 곁눈질을 하거나 눈을 모을 수도 있고, 눈동자를 빙글빙글 돌리는 것도 가능하다. 다만 그 정도가 모두 같지는 않다.

안근의 움직임 정도를 연구한 논문에 따르면, 사람들은 수직방향보다 수평방향의 시야가 더 넓으며, 상하 중에서는 아래쪽의 시야가 더 넓었고 회전 운동에서는 안쪽(코쪽)이 바깥쪽(귀쪽)보다 더 용이한 것으로 조사되었다. 즉 사람들은 눈을 위아래로 꼬나보기보다는 좌우로 흘겨보는 것을 더 잘할 수 있으며, 눈을 치켜뜨기보다는 눈을 내리까는 것이 더 쉽고, 눈을 안으로 굴리는 것보다 밖으로 눈을 돌리는 게 더 어렵다는 뜻이다. 뒤돌아서 눈 흘기는 건 누구나 할 수 있지만, 면전에서 대놓고 위아래로 훑어보는 것은 상대보다 내가 우위에 있지 않고는 하기 힘든 일인 것과 마찬가지다.

이렇듯 생체에서 직접적인 움직임을 담당하는 것은 근육이지만, 근육이 제 할 일을 하도록 조정하는 것은 신경이다. 따라서 신경과 근육은 협동 관계에 놓여있다. 하지만 협동 관계에 놓여있다고 반드시 그 비율이 같지는 않다. 인간 사회에서도 명령을 내리는 존재보다 실제 일을 수행하는 사람이 더 많아야 하듯이, 실제 신경섬유 하나가 10~1,000여 개의 근섬유를 관장한다. 그런데 눈에서만은 다르다. 안근에 존재하는 신경과 근육의 비율은 1:1이며 많아도 1:5를 넘어서지 않는다. 근육섬유 하나하나를 신경섬유가 하나씩 전담 마크해서 조절하기 때문에 안근은 우리 몸의 근육 중에서 반응 속도가 가장 빠른 근육 중 하나가 되었다.

우리 눈의 초점 범위가 그토록 좁은데도 불구하고 움직이는 것을 보는 데 큰 불편을 느끼지 않는 것은 이처럼 눈의 신경과 근육의 협업이 매우 미세하고 정교하기 때문이다. 하지만 그렇기에 단점도 생긴다. 하나의 신경이 적은 수의 근육만을 담당하다보니 아주 작은 자극에도 예민하게 반응하게 되고 그 결과 눈 근육은 많은 양의 산소를 필요로 해 매우 쉽게 피로해진다. 밤을 새워 일을 하는 경우 눈이 가장 먼저 피곤하다는 신호를 보내오는 건 이 때문이다.

아이 트래킹

사람의 눈은 의식하지 않는 순간에도 끊임없이 움직인다. 그건 기본적으로 눈이 달린 우리의 몸 자체가 움직이는 대상이면서 동시에 우리를 둘러싼 주변 환경들이 역동적으로 움직이고 있기 때문이다. 따라서 그에 맞춰 우리 눈도 바쁘게 움직이기 마련인데, 특정 대상에 눈길이 고정되어 움직이지 않는 것 자체가 의미로 읽힐 수도 있다.

사람들은 무언가 의미를 찾으면 시선을 고정해 대상을 응시한다. 누군가에게 시선이 꽂힌다는 것은 십중팔구 그에게서 매력을 느꼈기 때문이다. 물론 괴상하고 끔찍해도 시선이 쏠릴 수 있지만, 대부분은 곧 눈을 돌려버리기 때문에 지긋이 바라본다는 것 자체가 많은 의미를 가진다. 사람들이 좋아하고 끌리는 것에 눈길을 주고 그것이 정말 마음에 들면 눈을 떼지 못한다는 사실은 마케팅을 연구하는 이들이 아이 트래킹eye tracking에 대한 연구에 주목하는 계기가 되었다.

아이 트래킹이란 말 그대로 시선의 움직임을 추적하는 것이다. 사람들의 시선을 추적해 좀 더 많이 시선이 쏠리는 위치, 색깔, 모습 등을 찾아낼 수 있다면, 이를 역으로 이용해 자신들이 보여주고자 하는 것을 사람들의 시선 범위 속에 더 잘 노출시킬 수 있기 때문이다. 기업들이 골프 선수의 모자나 축구 선수의 등판에 자신들의 브랜드 네임과 로고를 새기기 위해 천문학적인 돈을 지불하는 이유가 여기에 있다. 그 자체가 걸어다니는 시선 집합소인 스타들을 이용함으로써 자연스레 사람들의 시선 속에 그들의 로고를 인식시키고, 스타들에 대한 선망이 브랜드에 대한 소유 욕구로 이어지기를 노리는 것이다.

여기서도 중용의 도가 필요하다. 여기 두 사람이 있다. 둘 다 남부럽지 않은 실력을 지닌 최고의 운동선수들이지만, 한쪽은 평범한 외모를 가졌고 다른 쪽은 뛰어난 외모를 가지고 있다고 치자. 만약 이들의 모델

섭외 비용이 동일하다면 광고주는 후자를 섭외하려 할 것이다. 뛰어난 외모란 그 자체로도 시선을 집중시키는 훌륭한 요소이니까.

하지만 실제 아이 트래킹을 통해 마케팅 기법을 연구하는 이들에 따르면, 모델의 외모가 뛰어날 경우 사람들의 시선 주목도는 높아지지만 그 집중도가 꼭 상품 광고에 유리한 것만은 아니라고 한다. 모델의 외모가 지나치게 뛰어날 경우 이들이 광고하는 브랜드의 인지도는 오히려 떨어진다는 것이다. 이유인즉 너무도 뛰어난 모델의 외모가 다른 데 눈길을 줄 여지를 주지 않기 때문이다. 사람들은 모델의 뛰어난 외모에 반해 이들에게만 시선을 고정할 뿐 그들에게 시선을 고정시키기 위해 돈을 쓴 배경에는 정작 무관심해진다는 것이다.

시선의 집중이 매우 좁고 집중적으로 일어나기 때문에 나타나는 현상이다. 나무를 보면 숲이 보이지 않고, 사랑에 빠지면 눈이 머는 것은 어쩌면 인간이라는 존재가 세상을 바라보는 방식이 애초부터 그렇게 만들어졌기 때문은 아닐까.

눈이 말해주는 것들

눈은 마음의 창이라는 말이 워낙 알려져 있어서인지 우리는 눈으로 마음을 이야기하는 것에 익숙하다. 마음은 시선의 미묘한 교차와 눈동자의 움직임, 눈꺼풀의 움직임을 통해 호감, 경멸, 놀람, 노여움, 호기심, 지루함 등을 어렵지 않게 표출한다. 타고난 세심함에 적절한 훈련이 더해지면 상대의 눈에서 이러한 감정들을 읽어내는 것도 그리 어려운 일은 아니다.

하지만 눈이 전달하는 것은 꼭 마음의 소리만이 아니다. 눈은 때로 몸의 상태를 일차적으로 드러내주는 몸의 대변인 역할을 하기도 한다. 눈과는 직접적으로 연관이 없는 질병들이 눈을 통해 드러나기 때문이다.

학창 시절, 가끔씩 어지러움을 느껴 양호실을 찾아가면 양호선생님이 한 번씩 눈 밑을 잡아당겨 안쪽 점막을 들여다보곤 했다. 지금이야 세

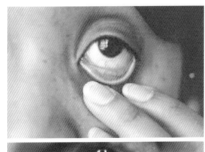
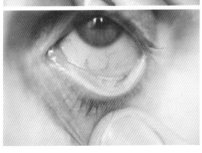

(위쪽)건강한 사람의 눈과 (아래쪽)빈혈 증상을 가진 사람의 눈. 아래 눈꺼풀 결막의 핏기에 차이가 난다.

아이의 엄마다운 전형적인 외모를 갖추고 있지만, 한때 피골이 상접하던 시절이 있었고 그래서였는지 어지러움을 느끼면 빈혈이 최초의 용의자로 지목되곤 했다.

빈혈貧血이란 단어는 '혈액이 부족하다'는 상태를 의미하지만, 정확히 말하자면 혈액 내 적혈구, 그중에서도 혈색소인 헤모글로빈이 부족한 상태를 말한다. 적혈구가 붉은 이유는 헤모글로빈 속에 든 철이 산소와 결합하면서 산화되어 붉은색을 띠기 때문이다. 눈 주위의 점막은 유난히 얇고 실핏줄이 풍부해 평소에는 선명한 붉은색을 띤다. 그런데 빈혈 증상으로 헤모글로빈의 양이 적어지면 적혈구의 붉은빛이 줄어들기 때문에 눈 점막도 붉은 기운이 빠지고 창백하게 변한다. 물론 사람마다 점막의 붉은 정도는 다르지만, 눈 점막이 지나치게 창백해서 옅은 분홍색이나 흰색에 가깝다면 빈혈일 가능성이 높다.

색으로 말하는 눈

때로 눈은 자세를 바꾸어 몸 상태를 이야기하기도 한다. 몸이 불편한 날, 유독 자세를 자주 고쳐 앉거나 뒤척이는 것처럼 말이다. 사지가 없고, 안와 내부 공간에 들어 있기에 움직인다는 것이 여의치는 않지만, 그래도 눈은 자신의 능력껏 자세를 고쳐 잡아 몸 상태를 드러내곤 한다. 대표적인 것이 갑상선 기능 이상이다. 갑상선 기능 항진증의 경우, 종종 눈을 둘러싼 외안근이 부어오르곤 한다. 외안근이 부어오르면 안와 내부의 자리가 비좁아져 안구를 밀어내게 되어, 외견상으로는 눈이 커지고 돌출된 것처럼 보인다. 반대로 피로가 누적된 경우, 특히 게임을 하거나 책을 읽

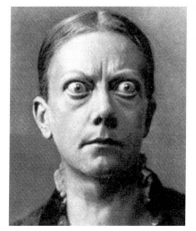

갑상선 기능 항진증으로 목이 부어오르고 눈이 돌출된 환자의 모습.

는 등 눈을 많이 이용하는 일을 장시간 하면서 잠을 제대로 못 잔 경우에는 눈이 움푹 들어간 듯한 느낌을 받곤 한다. 흥미로운 것은 이것이 느낌만은 아니라는 것이다. 이런 경우 실제로 눈이 안쪽으로 약간 후퇴한다. 물론 그 차이는 매우 미미하다.

눈은 뇌와 직접 연결된 장기답게 신체 기관 중에 에너지를 많이 사용하는 편에 속한다. 따라서 눈을 장시간 사용하게 되면 눈을 둘러싼 지방 조직이 소모되면서 눈에 걸리는 압력이 줄어든다. 또한 밤새 깨어 있게 되면 얇은 눈 주위의 피부 조직에 수분이 부족해져 푸석푸석 주름이 지는 것도 눈을 둘러싼 압력이 헐거워지게 만드는 이유가 된다. 그 결과 우리의 눈은 '십리는 들어간 것' 만큼은 아니더라도, 움푹 패여 퀭한 인상을 띄는 것이다.

때로 눈은 다양한 색을 표지로 이용해서 몸의 상태를 대신 말해주기도 한다. 황달에 걸리면 흰자위가 노랗게 변하고 윌슨병 환자에게서는 눈동자와 흰자의 경계면에 푸른색 고리가 드러난다. 시스틴증을 앓는 유아의 각막에는 번쩍거리는 시스틴 결정이 자라나고, 요산이나 칼슘이 몸에 지나치게 많으면 각막에 이들이 만든 띠가 생겨난다. 하지만 눈에 가장 흔하게 덧칠되는 색은 역시나 피의 색, 빨강이다.

신체조직은 모두 혈액을 통해 영양분과 산소를, 노폐물과 이산화탄소와 교환하고 면역세포들도 공급받는다. 눈은 몸 밖으로 드러나 있다는 이점을 십분 살려 필요한 산소 중 일부는 공기 중에서 직접 얻기도 하지만, 역시나 나머지는 혈액을 통해 공급받을 수밖에 없다. 따라서 어떤 이유로든 ― 결막염과 같은 감염성 질환, 이물질 유입, 콘택트렌즈로 인한 산소 투과율 저하, 눈의 혹사 등 ― 눈에 산소와 영양분, 면역세포 등의 공급이 부족해지거나 추가로 필요한 일이 생기면, 이를 보충하기 위해 눈으로 가는 혈류량이 늘어나고 이는 모세혈관의 확장을 가져와 벌겋게 핏발 선 눈을 만들어낸다. 때로 과다한 혈류량이나 높아진 혈압은 혈관을 터뜨리기도 하는데, 투명한 눈의 특성상 혈관이 남긴 붉은 자국이 더욱 도드라져 보인다.

문득 몇 년 전 산후조리원에서 친구를 만났던 경험이 떠오른다. 나보다 며칠 빨리 아이를 낳은 친구는 핏빛 눈으로 내게 인사를 건넸다. 도무지 흰색이라고는 찾아보기 힘들 만큼 핏물이 가득한 눈. 그건 18시간 동안 이어진 진통과 난산을 겪어낸 징표이자, 엄마가 되기 위한 혹독한 신고식의 증거였다.

때로 이러한 질병들은 단순히 눈을 통해 자신을 드러내는 것을 넘어서, 눈의 기능을 망가뜨리기도 한다. 보이는 모든 것을 차단함으로써 질병의 존재를 극명하게 드러내는 역설인 것이다. 임신중독 증상을 보이는 산모는 종종 시야를 잃는다. 혈압의 급격한 상승으로 인해 망막으로 혈액을 공급하는 망막 동맥이 좁아지면서 일어나는 현상이다. 그나마 다행인 것은 임신중독으로 인한 시력 상실은 예후가 좋은 편이어서 대부분의 산모들은 출산 이후, 즉 임신중독 증상에서 벗어난 이후에는 빛을 되찾곤 한다. 하지만 당뇨의 경우는 다르다. 당뇨 환자의 대부분이 시력 감퇴를 경험하고 전체 당뇨 환자의 2퍼센트는 영구적으로 시력을 잃게 된다. 단순히 혈액 속에 당이 많아지는 것인데 왜 실명으로 이어지는 것일까?

달콤함에 눈이 멀다

인체 세포의 유일한 에너지원은 포도당이며, 포도당을 공급받지 못하는 세포는 굶어죽을 수밖에 없다. 따라서 혈액은 각각의 세포에 포도당을 공급하기 위해 혈관을 타고 끊임없이 순환해야 한다. 이 과정에서 포도당은 혈액 속에 포함된 다른 단백질이나 혈관벽을 구성하고 있는 단백질과 접하면서 의도치 않은 부산물을 만들어내게 된다. 마치 카레를 계속 젓다 보면 당근과 감자가 부딪쳐 뭉그러지는 것처럼 말이다.

우리 몸은 꽤 효율적인 폐기물 제거 시스템을 갖추고 있기에 어느 정도의 부산물은 큰 문제가 없다. 하지만 뭐든지 한계치는 있는 법, 포도당과 단백질이 반응해 만들어진 찌꺼기가 일정 수준을 넘어서면 이들은 채 씻겨 내려가지 못하고 혈관 내벽에 달라붙어 쌓이게 된다. 이는 혈관 내부에 이물질이 붙어 혈관 내벽이 점점 좁아지는 증상인 죽상경화의 원인이 된다. 부산물의 양은 그들이 애초에 혈액 속에 들어 있던 포도당과 단백질의 양에 비례하므로 혈당이 높은 당뇨 환자들의 혈관 속에서는 이 과정에 가속이 붙게 마련이다.

사실 이런 현상은 전신의 모든 혈관에서 나타나지만, 가장 먼저 치명적인 영향을 받는 곳은 아무래도 혈관 직경이 좁은 모세혈관이다. 그중 망막혈관은 특히 취약하다. 망막혈관은 혈관 막힘에 연관된 모든 악조건을 다 갖추고 있다. 안구 안쪽으로 들어와 있는 망막혈관은 시야를 가리지 않도록 매우 가늘지만, 눈은 물리적 크기에 비해 사용하는 에너지가 많아 좁은 혈관에 비해 흐르는 혈류량이 많다. 한마디로 수도관은 좁은데 흐르는 물의 양은 많다는 것이니 당연히 혈관이 받는 스트레스가 클 수밖에 없다.

게다가 망막은 신체 내부 기관으로는 거의 유일하게 빛과 직접적으로 맞대면하는 곳이기에 빛 자체의 에너지와 이 과정에서 발생하는 활성산소에 의한 산화 스트레스가 큰 곳이기도 하다. 시중에 출시된 눈 건강 영양제의 상당수가 활성산소를 제거하는 항산화 물질이 들어 있는 것은 이 때문이다. 이렇듯 원래부터 여러 가지 부담을 짊어지고 있는 망막혈관에 고혈당은 또 다른 부담이 된다. 고혈당 자체의 문제라기보다는 그로 인해 생겨나는 부산물이 더 큰 문제다. 초반에야 자체 복구 시스템이 가동되어 큰 문제가 없지만, 이런 상태가 지속되면 스트레스를 견디다 못한 망막혈관은 부어오르거나 터지게 된다.

이렇듯 망막혈관에 문제가 생겨 제대로 영양분을 공급하지 못하면 망막은 제 기능을 할 수 없게 되고, 이 문제에 대비해 눈은 일단 급한 불부터 끄자는 심정으로 망막에 새로운 혈관, 즉 신생혈관을 만들어내는 응급 처치 시스템을 가동시킨다. 하지만 응급 처치는 어디까지나 일시적 대책일 뿐이다. 마찬가지로 망막에 만들어진 신생혈관은 조직이 견고하지 못하기에 시간이 지나면 결국 추가적 혈관 파열을 가속화시키는 악수惡手로 작용하고 만다. 이런 상태가 지속되면, 혈액은 자꾸 새고 여기저기 터지고 혈관계가 엉망진창으로 비틀리고 만다. 망막이란 원래 구형球形인 안구 안쪽에 혈관과 신경들이 얇은 필름처럼 팽팽하게 찰싹 밀착되어 있는 구조인데, 혈관계가 망가지면 망막이 우그러들기 마련이고 결국에는 망막이 안구에서 왕창 떨어져 버리는 망막박리로 이어질 가능성도 높다. 적어도 이 경우에 '달콤함에 눈이 먼다'는 말이 더 이상은 관용어구가 아닌 셈이다.

모든 질병과 이상이 눈을 통해 특징적인 증상을 나타내는 것은 아니지만, 적어도 눈이 심리적인 상태와 함께 몸의 상태를 드러내는 1차적 창구 역할을 하는 것만은 사실이다. 몸의 이상은 눈으로 드러난다. 그렇기에 가끔씩은 거울 속의 내 눈을 자세히 바라볼 필요가 있다. 눈은 세상 모든 것을 다 볼 수 있지만, 단 하나 스스로는 보지 못하기에 눈이 보내는 신호는 그 신호를 만들어내는 내가 가장 늦게 알아차리기 쉽다. 거울 속에서 나를 바라보는 내 눈이 생기를 잃고 반짝이지 않거나 평소와는 다른 그늘이 자리하고 있다면 그건 내 몸과 마음 어딘가가 보내는 구조 신호일수도 있다.

시선을 보다, 눈빛을 보다

사극에서 흔히 등장하는 장면이 있다. 지체 높은 양반과 비천한 천것의 만남. 양반님네는 늘 높다란 대청마루나 동헌마루에서 아래를 굽어보고 천것들은 흙바닥에 납죽 엎드려 코를 땅에 박고 이마를 조아린다. 비루한 목숨 하나쯤은 말 한 마디로 날려버릴 수 있는 권세는 그 어떤 억센 완력보다도 강하게 등허리를 짓누르게 마련이다. 풍전등화 같은 순간, 칼날 같은 긴장감은 이 한 마디로 풀어진다. "고개를 들어 나를 보라." 눈과 눈이 마주치는 그 순간. 바로 핏줄과 가문으로 주어진 세속적 신분이 아니라, 눈을 가진 동등한 개체가 마주하는 순간이다.

눈은 마음의 거울이라 했던가. 그래서 우리는 상대를 보고 싶을 때 눈을 보는 버릇이 있다. 심지어 눈을 마주치지 않으면 상대가 누구인지 가늠하는 것조차 쉽지 않다. 확인해보고 싶다면 아무 사진이나 집어 들고 눈만 가려보라. 눈이 가려지는 순간, 익숙한 이는 낯설어지고 초면인 사람이 익숙한 얼굴처럼 느껴지는 색다른 경험을 하게 될 테니.

실제로 눈은 많은 것을 볼 뿐 아니라 많은 것을 보여주기도 한다. 드라마 〈라이 투 미〉에서 행동과학의 대가로 등장하는 칼 라이트먼 박사는 사람의 눈만 보아도 그가 말하는 것이 진실인지 거짓인지를 명확하게 꿰뚫어낸다. 눈으로 상대를 읽어내기 위해 꼭 라이트먼 박사처럼 신기에 가까운 관찰력이 필요하지는 않다. 때로는 그저 바라보고 있기만 해도 느껴지는 눈빛이 있으니까.

넘치는 자신감과 패기는 형형한 눈빛으로 드러나고 흐릿하고 초점 없는 눈길은 중심 없이 흔들리는 공허한 마음의 반영이다. 눈을 치켜뜨는 것은 화가 났음을 의미하는 무언의 제스처이며, 눈을 흡뜨는 것은 다툼도 불사하겠다는 의지의 표현이다. 그래서 머리끝에서 발끝까지 톺아보는 눈길에는 저절로 몸이 움츠러들고 미움과 증오는 쏘아보는 눈길에 담겨 화살처럼 마음에 꽂힌다. 미인의 뇌쇄적인 시선과 마주치면 자신도 모르게 다리에 힘이 풀리기도 한다. 그렇기에 눈이 마주치는 것을 피하는 것은 무언의 저항이 된다.

사람들은 누군가를 똑바로 쳐다볼 용기가 없을 때 흘깃거리고 상대와 얘기할 마음이 없을 때는 눈길을 돌린다. 눈빛이 보이지 않는 짙은 색의 선글라스는 자외선을 막아 안구를 보호하겠다는 건강상의 목적보다는 상대에게 눈빛을 읽혀 심중을 들키지 않겠다는 심리적 목적이 크다. 눈길이 마주쳤을 때, 상대가 무엇을 보는지 알 수 없다면 불안해진다. 영화 속 수많은 '요원'들이 어두컴컴한 실내에서조차 선글라스를 벗지 않는 것도 두 눈의 시선이 맞지 않는 사시가 반쯤 맛이 간 악당의 이미지로 자주 왜곡되는 것도 이 때문일 것이다.

눈으로 말하라

눈이 이토록 다양한 표정을 보여주다 보니 눈에 대한 속설들도 많다. 눈이 크면 시원시원해 보이고, 눈이 작으면 속을 알 수 없어 보인다. 일반적으로도 눈꼬리가 처지면 순하지만 속기 쉬울 것 같고, 눈꼬리가 치켜 올라가면 고집 있고 표독스러워 보인다. 둥근 눈은 사람이 좋아 보이고,

길고 가는 눈은 매서워 보인다. 크고 초롱초롱한 눈동자는 미인의 상징이며, 단춧구멍같이 빼꼼한 눈은 못난 외모를 설명할 때 빠지지 않고 등장한다.

관상학에서는 다양한 동물의 눈을 빌려 설명하기도 하는데, 매서운 호랑이를 닮아 부리부리한 범눈은 강직하고 적극적이며, 황소를 닮아 커다랗고 둥근 소눈은 인자하고 부지런하다고 말한다. 이 밖에도 거북이눈은 신망이 두텁고 학눈은 이상이 높으며, 뱁새눈은 빠릿빠릿하고 원숭이 눈은 눈치가 빠르며, 뱀눈은 사납고 간사하다고 풀어놓는다.

눈의 생김새와 눈빛, 시선을 통해 상대를 파악하는 것이 익숙하다 보니, 자신도 모르게 눈과 관련된 다양한 선입관을 가지고 상대를 파악하게 된다. 타고난 눈의 모습이 길상吉相에 속한다면 더할 나위 없이 좋겠으나, 악상惡相이거나 흉상凶相이라면 대인관계에서 처음부터 걸림돌이 된다. 예쁘고 보기 좋은 눈매를 만들기 위한 눈매교정술이 왜 그토록 오래전부터 유행했는지 알 듯싶다.

보기 좋고 인상 좋은 눈매를 위한 시술은 기원 후 1세기경 로마에서 제작된 책에도 등장한다. 이 책에는 "늘어진 눈꺼풀을 잡아당겨 나무막대 사이로 집어넣고 그 사이를 꽉 묶으면 이 피부는 죽게 되고 열흘이 지나면 죽은 피부는 떨어져 나가고 흉 없이 깨끗이 낫게 된다"는 설명이 등장한다. 실제로 피부나 조직을 꽉 동여매 혈액순환을 차단시키면 혈액을 통해 영양분과 산소를 공급받지 못하게 되어 해당 부위가 괴사하게 되는데, 이 원리를 이용해 눈꺼풀의 늘어진 피부를 제거했다는 것이다. 하지만 이 시술은 미용적인 측면보다는 이완된 눈꺼풀이 시야를 과도하게 가리는 것을 막기 위한 치료용 시술이었을 가능성이 높다.

이 시술에서 발전하여 눈매를 교정한다는 뜻의 눈매성형술 blepharoplasty이라는 단어가 도입된 건 19세기 초반의 일이었다. 그리스어로 'blepharon'은 눈꺼풀을, 'plasticos'는 '형성되다'라는 뜻인데 성형수술을 'plastic surgery'라고 하는 것과 같은 의미다. 눈매를 인위적으로 바꾼다는 의미를 담고 있는 단어이다. 그리고 사람들은 이런 식으로 늘어진 눈꺼풀을 제거하거나 새로운 주름을 만들어 접어 넣는 것이 미용적인 가치가 있음을 눈치채기 시작했다.

눈꺼풀이 늘어지는 것은 노화에 따른 자연스러운 현상으로 눈꺼풀을 잡고 있는 근육과 인대가 늘어져서 일어나는 현상이므로, 그 자체로 치료가 필요한 증상이라기에는 조금 모자란다. 하지만 눈꺼풀이 늘어지면 시야가 가려져서 불편하다. 커튼이 드리워진 창문으로 밖을 내다보려면 커튼을 걷어야 하는 것처럼 눈꺼풀이 늘어져 시야에 방해를 받는 사람들은 무언가를 집중해서 볼 때 자신도 모르게 시야를 확보하기 위해 눈을 치켜뜨게 된다. 한두 번이야 문제가 없겠지만, 이런 행동을 오랫동안 반복하게 되면 반대 급부로 미간과 이마에 주름이 지며 찌푸린 얼굴을 자주 노출시킬 수밖에 없다. 주름지고 찌푸린 얼굴을 좋아하는 사람은 별로 없으니 문제다.

그런데 늘어진 눈꺼풀을 제거하게 되면 눈의 크기도 커질 뿐 아니라, 시야를 가리는 것이 사라지므로 굳이 눈에 힘을 줄 필요가 없어져 이맛살을 찌푸리거나 미간을 좁히지 않아도 된다. 이 사소한 변화가 가져오는 결과는 매우 크다. 실제로 눈매교정술의 긍정적 효과는 눈 크기의 변화보다는 이로 인한 얼굴 전체의 변화에서 온다는 조사 결과도 있다. 즉, 쌍꺼풀 수술을 받게 되면 눈꺼풀이 당겨 올라가면서 겉으로 노출되는 눈 크기는 평균 20퍼센트 정도 커질 뿐이다. 하지만 더 이상 눈을 치켜뜨거나 눈살을 찌푸릴 필요가 없기에 이마도 5퍼센트 정도 길어지고 미간의 주름이 사라지면서 눈 크기에 더해 인상이 좋아지는 부수적 효과를 가져온다.

단지 눈꺼풀을 접어 올려 쌍꺼풀을 만드는 효과가 생각보다 크다는 사실은 곧 미용적 눈매 교정술에 대한 열풍으로 이어졌다. 사실 사람의 얼굴에서는 약간의 차이도 커다란 결과로 나타난다. 미인과 추녀는 종이 한 장 차이라는 말처럼 사람의 얼굴은 절대적 수치상 그리 큰 차이가 나지는 않기 때문이다. 실제로 우리나라 이십대 남녀 1,500여 명의 얼굴을 분석한 결과에 따르면, 이십대의 평균 눈의 크기는 가로 26~30밀리미터, 세로 10~14밀리미터 정도이다. 이말은 눈을 떴을 때 눈의 세로 폭이 10밀리미터 이하면 작은 눈이고, 15밀리미터 이상이면 큰 눈에 속한다는 뜻이다. 미인과 추녀라는 엄청난 사회적 파급력의 차이가 5밀리미터라는 미미한 차이에서 시작된다니.

눈 크기뿐 아니라 다른 이목구비의 수치 역시 마찬가지다. 클레오파트라의 코가 조금만 낮았다면 세계 역사가 달라졌을 것이라고 탄식한 파스칼은, 초기 조건의 미세한 차이가 가져오는 엄청난 창발성을 포착한 남다른 안목을 자랑하는 셈이다.

눈에 색을 입히다

명모호치明眸皓齒란 말이 있다. '맑은 눈과 하얀 이'라는 뜻이지만 이 말에는 '매우 아름다운 미인'이라는 뜻이 숨어 있다. 당나라의 시인 두보가 미인의 대명사인 양귀비를 지칭하면서 쓴 단어이기 때문이다. 굳이 양귀비까지 가지 않더라도 흐릿하고 탁한 눈동자보다는 맑고 초롱초롱한 눈이 예쁘고, 누렇게 변색된 이보다는 하얗게 반짝이는 이가 아름답게 느껴지는 건 사실이다.

따라서 미인의 조건에 맑은 눈이 포함되는 건 당연하다고 할 수 있다. 즉 미의 기준은 양귀비가 살던 시대에서 1,300여 년을 건너 뛴 지금도 여전히 바뀌지 않는다. 하지만 상관없다. 미의 기준이 바뀌지 않는다면 기준에 맞도록 몸을 바꿀 수 있는 기술을 현대인들은 가지고 있으니까. 흔히 눈 미백술이라고 불리는 결막 절제술이 그것이다.

겉으로 드러난 눈의 표면은 결막이라는 얇고 투명한 점막으로 둘러싸여 있다. 결막은 눈을 보호하는 기능을 하는 최전방의 장벽으로 미생물이나 이물질로부터 일차적으로 눈을 보호하며, 공막에 영양분을 전달하는 역할을 한다. 각막과 수정체가 그렇듯 결막 역시 시야에 방해가 되지 않도록 색이 없이 투명하다.

우리가 흔히 눈동자와 흰자라고 부르는 부위의 색은 결막의 색이 아니라, 결막 뒤에 존재하는 홍채(눈동자)와 공막(흰자)의 색인 것이다. 하지만 평소에는 투명한 결막이 존재감을 드러낼 때가 있다. 바로 눈이 충혈될 때이다. 일반적으로 각막에 존재하는 혈관은 매우 가늘기 때문에 눈에 잘 띄지 않지만, 여러 가지 이유로 혈관이 확장되면 눈에 보일 만큼

〈미생〉의 오과장. 핏발 선 눈과 숱이 적은 머리칼로 피
곤에 찌든 중년 직장인의 자화상을 표현했다.
© 윤태호, 『미생』(위즈덤하우스)

혈관들이 드러나게 된다.

'눈에 핏발이 서다'라는 말은 정확히 말하자면 '어떠한 자극으로 인
해 각막 혈관이 확장되었다'라는 말의 일상적 표현인 것이다. 눈에 핏발
이 서는 이유는 다양하지만, 가장 흔한 원인은 과로와 스트레스의 누적
으로 인한 피로감 때문이다. 눈은 마음의 창일 뿐 아니라 몸의 창이기도
하니까. 우리 시대 중년 직장인들의 대명사로 떠오른 〈미생〉의 오과장이
늘 붉은 눈으로 등장하는 것은 이런 이유 때문이리라.

눈에 거미줄 같은 핏발이 서다 못해 피눈물이 뚝뚝 떨어질 듯 붉어
진다 하더라도 눈에서 시각을 담당하는 부위는 눈동자 쪽이기 때문에 시
력이 나빠지거나 시야가 흐려지는 건 아니다. 하지만 미용적인 측면에서
이런 눈은 결코 아름답다고 평가받지 못한다. 개중에는 스트레스로 인해
눈이 충혈되는 것이 아니라 별다른 이유 없이도 늘 눈이 충혈되어 스트
레스를 받는 사람들이 있다. 이런 이들을 위해서 제시된 해결책이 결막
절제술이다. 즉 눈의 가장 바깥쪽을 감싸고 있는 결막을 일부 벗겨내는

것이다. 결막에는 혈관이 있지만, 그 안쪽에 위치하는 공막에는 혈관이 분포하지 않기 때문에, 결막을 벗겨내면 흰자는 공막의 색 그대로 흰 자태를 뽐내게 된다.

흰자위를 다시 맑게 되돌려주는 결막 절제술은 심각한 안충혈 환자 외에도 외모의 완벽함을 유지하고 싶어 하는 이들에게 '안구미백술'이라는 이름으로 유명해지게 되었다. 하지만 미생물에 대한 1차적 보호막으로 작용하는 결막을 단순히 '보기 싫다'는 이유만으로 절제하고 공막을 드러내는 시술은 의료계에서조차 반신반의하는 눈치다. 공막의 직접적인 외부 노출은 감염의 위험을 높이고, 심각하게는 공막 석회화 등의 부작용으로 시력에 치명적인 영향을 미칠 수도 있다는 이유에서이다.

하지만 전통적으로 지녀왔던 아름다운 눈에 대한 열망에 다양성과 개성을 강조하는 현대적 미의식이 결합되면서 사람들은 자신의 눈을 대상으로 다양한 시도들을 하고 있다. 이런 열망은 서클렌즈를 이용해 눈동자의 색을 바꾸는 것을 넘어 아예 흰자위에 염료를 주입해 영구적으로 색을 바꾸거나 그림을 새겨 넣는 안구 문신, 결막에 작은 보석들을 삽입해 눈을 움직일 때마다 살짝 보이게 하는 일명 보석눈jewel eye 시술로까지 확장되고 있다.

우리가 맑고 영롱한 눈에 집착하는 것은 그런 눈동자를 가졌던 시절에 대한 서글픈 그리움 때문이 아닐까. 좋으면 웃고 싫으면 울고 힘들면 투정 부리고 기쁘면 펄쩍펄쩍 뛰었던, 아무것도 감추지 않고 어떤 것도 의심하지 않았던 그 시절 말이다.

눈을
넘어 보다

시선을 확장하다: 현미경

볼이 토실토실한 귀여운 아기에게 엄마가 안경을 씌운다. 아기를 놀리는 귀여운 장난이라 생각했는데 순간 아기의 표정이 바뀐다. 어리둥절함을 거쳐 놀라움을 지나 기쁨에 가득한 웃음으로 아기는 엄마를 보며 함빡 웃는다. 지금 아기는 지금 태어난 지 일곱 달 만에 처음으로 엄마의 얼굴을 보는 중이었다.

유난히 흰 피부와 밝은 머리색을 가진 루이스라는 이름의 이 아기는 선천성 색소 결핍(알비노)을 가지고 태어났고, 그로 인한 시력 장애를 가지고 있었다. 사람의 피부와 머리카락, 그리고 눈동자의 색은 멜라닌 색소에 의해 결정된다. 하지만 가끔씩 멜라닌 유전자의 이상이나 멜라닌 합성 효소의 결핍으로 인해 멜라닌을 거의 만들지 못하는 색소 결핍증을 가진 아이들이 태어나곤 한다.

선천성 색소 결핍증을 가진 아이들은 피부색으로 인종을 구분하는 기준의 부당성을 증명하듯, 인종에 관계없이 우윳빛 피부와 은발(혹은 백금발), 붉거나 혹은 아주 옅은 하늘색의 눈동자를 갖고 태어난다. 그런

(왼쪽)햇빛이 비치는 곳에서 보통 사람의 시야. (오른쪽)알비노를 가진 사람들에게 빛은 지나치게 밝아 오히려 어둠으로 인식된다.

데 멜라닌 색소의 부족은 단순히 신체의 색만을 가져가진 않는다. 이들의 피부는 멜라닌을 만들지 못해 자외선에 의한 일광화상에 매우 취약할 뿐더러, 무색투명한 홍채로 인해 안구 내부로 들어오는 빛의 양을 조절하기 어려워 시각적 이상을 동반하곤 한다.

대부분의 사람들은 빛이 어둠을 몰아내지만 이들에게는 빛이 오히려 어둠을 불러온다. 눈으로 들어오는 빛의 양을 조절할 수 없기에 빛이 밝은 곳에서는 심각한 눈부심 증상으로 앞을 거의 볼 수 없기 때문이다. 또한 눈부심으로 인해 제대로 초점을 맞추지 못하는 눈은 안구진탕증이 반복해서 발생하여 시력을 더욱 떨어뜨린다. 색소 결핍 정도가 클수록 시력 역시 비례해서 나빠지는 편인데, 앞서 언급한 아기 루이스 역시 이런 경우였다.

의료진들은 루이스의 상태를 면밀히 검토해 자외선을 차단하고 아직 미숙한 루이스의 눈이 제대로 초점을 맞출 수 있도록 도와주는 특수 안경을 제작 의뢰했다. 이를 착용한 루이스는 그동안 목소리와 촉감만으로 인지했던 엄마의 얼굴을 난생 처음으로 볼 수 있게 되었다. 엄마의 얼굴을 처음 본 루이스의 얼굴에는 기쁨의 웃음이 떠올랐다. 아무리 차가운 마음도 더운 날의 아이스크림처럼 스르르 녹일 만한 달콤한 웃음이었다.

희미해진 세상을 다시 볼 수 있다면

무언가를 내 눈으로 본다는 것, 혹은 무언가가 내 시선으로 들어온다는 것은 전혀 생각지도 못했던 대상이 존재를 증명하는 것인 동시에 내게 하나의 의미가 될 수 있음을 뜻한다. 살면서 우리는 종종 이런 경험을 하

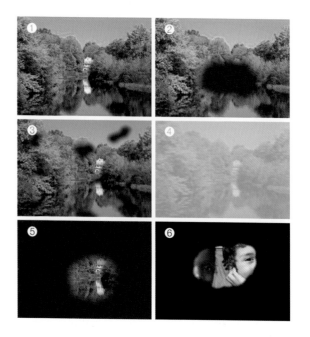

눈의 이상에 따라 나타나는 시야는 달라진다. (번호 순서대로) 정상 시야, 노인성 황반변성, 당뇨병성 망막질환, 백내장, 녹내장, 망막색소변성증의 증상에서 나타나는 시야의 변화.

게 된다. 머나먼 타국에서 생소한 문물을 접할 때, 늘 곁에 있었는데도 시선을 두지 않았던 것에 새삼 주목할 때, 식견과 안목이 넓고 높은 이들을 통해 세상의 이면을 간접 경험할 때, 무심코 지나치던 것들에 한 발 다가가 세밀히 관찰할 때가 그립다. 그리고 나무에만 집중해서 보다가 저만치 떨어져 숲을 보게 될 때. 하지만 이와 같은 심안心眼의 확장은 주로 생각의 협소함이나 세심함의 부족에서 오는 것이기에 의도적으로 다양한 이면을 보려고 애쓰고 다층적인 시선을 고려하도록 노력한다면 얼마든지 극복할 수 있는 맹점 아닌 맹점이다. 이와는 달리 아무리 애를 써도 눈에 담기지 않을 때도 있다. 즉 눈이라는 신체 기관 자체가 지닌 한계 때문에 시야의 제한은 굳센 의지와 현명한 깨달음만으로는 극복하기 힘들다.

보편적으로 나타나는 눈의 장애는 노화다. 나이가 들면 노안 현상이 생기고 시력이 떨어진다. 이는 노화의 자연스러운 현상이라고 하지만 어쩐지 서글픈 일일뿐더러 불편하기조차 하다. 실제로 로마의 사상가 키케로는 만년에 시력이 떨어지자 노예를 부려 대신 글을 읽게 했는데, 편지 한 줄 읽으려고 일일이 노예에게 지시해야 하는 것은 매우 귀찮은 일이라고 투덜거리곤 했다.

인간의 신체는 수십만 년간 크게 변하지 않았기 때문에 고대에도 노안에 시달리는 사람들은 있었을 것이고, 당연히 떨어진 시력을 보강하고자 하는 욕구는 존재했을 것이다. 뿌옇게 흐려진 창 너머로 보이는 세상은 아련하기는 해도 어림풋해서 답답할 테니까. 고대 이집트나 메소포타미아의 유물들 중에는 돋보기로 추측되는 유리 세공품이 출토되기도 한다. 고대 로마의 네로 황제는 색이 있는 석영으로 만든 렌즈를 이용해 눈빛을 감췄다는 기록도 남아 있긴 하지만 사람들이 안경이라는 시력 보조장치를 본격적으로 만들어 사용하기 시작한 것은 이로부터 1,000여 년이 지난 뒤였다.

최초의 안경은 13세기 이탈리아에서 제작되었다고 하는데 누가 최초의 개발자인지는 의견이 분분하다. 하지만 14세기에 그려진 그림에서 안경을 쓴 사람의 모습이 등장하는 것으로 보아, 이 시기에는 이미 안경이 보급되었다고 생각된다. 특히 15세기에 등장한 구텐베르크의 금속활자 인쇄술은 인쇄물의 공급을 폭발적으로 늘렸으며 읽는 사람의 증가는 자연스레 안경의 수요로 이어졌다. 우리나라의 경우 조선 숙종 때인 17

세기 초에 안경이 전래되었으며 학자 기질이 다분했던 정조는 안경을 애용했다고 알려져 있다. 당시의 안경은 실다리 안경으로, 수정을 깎아서 렌즈를 만들고 양쪽에 실(혹은 가죽끈)을 달아 귀에 걸어 썼다. 당시의 안경이 얼마나 신기했던지 조선 후기 문신 이서우*는 안경에 대한 시를 남기기도 했다.

둥그렇게 다듬은 수정 알 한 쌍 團圓琢出水晶雙

눈에 끼면 가는 글씨 파리 머리만하네 着眼蠅頭辨細行

우습구나, 코가 끼여 괴로우니 却笑玉樓鉗夾苦

향로에서 나는 향기를 맡을 수 없네 鷗鷺爐畔不聞香

어쨌든 안경은 이후 수백 년 간 광학 원리와 눈의 구조, 렌즈 가공 기술들이 발전하면서 비약적 발전을 거듭하였고 현대인들에게 명실상부한 '제2의 눈'으로 자리 잡게 된다. 2011년 조사에 따르면 우리나라 18세 이상 성인의 안경(콘택트렌즈 포함) 착용률은 54.8퍼센트였다. 전체 성인의 두 명 중 한 명 이상이 안경의 도움을 통해 세상을 바라보고 있는 셈이다.

보이지 않으면 상상조차 할 수 없다

안경은 분명 우리에게 더 선명하고 밝은 세상을 오래도록 바라볼 수 있게 한다. 하지만 안경으로 볼 수 있는 세상은 루이스처럼 '볼 수 없었던 것을 처음 발견하는' 경우보다는 '볼 수 있었지만 지금은 가려진 것을 다

---

* 송곡 이서우松谷 李瑞雨, 1622~1709, 조선 후기 문신, 시인, 작가, 서예가.

시 볼 수 있게 해주는 것에 가깝다. 그렇다면 사람의 눈으로는 애초부터 볼 수 없었던 것, 즉 눈이라는 신체기관이 지닌 생물학적이고 물리적인 한계 때문에 볼 수 없던 것을 보게 되었을 때 우리는 어떻게 변화했을까.

개인차가 있기는 하지만 일반적으로 사람의 눈이 볼 수 있는 최소한의 크기는 0.1밀리미터(100마이크로미터)정도로 알려져 있다. 따라서 이보다 작은 물체는 아무리 눈을 부릅뜨고 노려본들 보이지가 않는다. 그래서 아주 오랫동안 사람들은 우리의 눈에 보이지 않는 세상이 있다는 것을 상상조차 하지 못했다. 심지어 영혼이나 정령은 대상 자체가 비물질적이기에 보이지 않지만 존재할 수도 있음을 상상하는 게 어렵진 않다. 오히려 물질세계에 속했음에도 보이지 않는 세계가 상상하기 더 어렵다. 마치 저 먼 나라 어딘가에 있을 굶주리고 파리한 아이들을 상상하기는 쉽지만, 같은 학교 안에 허기진 배를 움켜쥐고 있는 아이들이 있다는 것은 알아차리기도 인정하기도 쉽지 않은 것처럼.

이렇게 오래도록 닫혀 있던 인류의 시야를 확장시키는 데 결정적인 공헌을 한 인물이 바로 안톤 반 레이우엔훅이다. 네덜란드 델프트 출신인 레이우엔훅은 정식으로 교육받은 학자가 아니라 포목점을 운영하던 상인 출신이었다. 포목상으로서 수많은 옷감들을 구별하여 등급을 나누는 일은 그의 일상이었고, 이를 위해 그의 손에는 늘 확대경이 들려 있었다. 굵기가 일정한, 가느다란 실로 촘촘히 짠 고급 옷감과 굵고 거친 실로 얼기설기 엮은 거친 천은 육안으로 보기에도 차이가 났지만, 좀 더 세밀하게 옷감을 구분하기 위해서는 천을 확대해서 자세히 볼 필요가 있었다.

III. 눈을 넘어 보다

오랜 세월 확대경을 통해 천을 이루는 실의 본모습을 들여다 본 그는 알고 있었다. 얼핏 매끄러워 보이는 실이 얼마나 많은 잔털들을 품고 있는지를 말이다. 미인의 삼단 같은 머릿결도 자세히 들여다보면 거친 돌조각들을 겹겹이 쌓아올린 모습처럼 보인다(물론 손상되면 거의 빗자루처럼 보이지만). 어떠한 조작을 가한 것도 아니고 단지 조금 확대했을 뿐인데도 렌즈를 통해 보는 세상은 전혀 달랐다.

꼼꼼했을 뿐만 아니라 손재주도 좋았던 레이우엔훅은 여기에 만족하지 않고 직접 유리세공법을 익혀서 기존의 것보다 훨씬 더 성능 좋은 현미경을 만들어냈다. 그가 만들어낸 현미경은 길이 7센티미터 정도로 셔츠 앞주머니에 쏙 넣고 다닐 수 있을 만큼 작았지만, 최고 266배의 배율을 자랑할 정도로 뛰어났다. 이 정도면 어지간한 단세포 생물들은 충

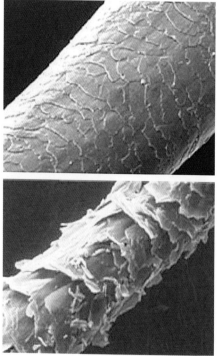

(위)현미경으로 바라본 건강한 사람의 머리카락과
(아래)손상된 머리카락

분히 관찰할 수 있는 배율이다. 1675년, 레이우엔훅은 지금껏 인류가 알았던 세상 외의 다른 세상을 존재를 처음으로 들여다보는 사람이 된다.

　며칠째 줄기차게 비가 내리던 날이었다. 어린아이 같은 호기심으로 고여 있는 빗물 한 방울에 현미경을 갖다 댄 바로 그 순간, 그는 그 한 방울의 물속에서 지금껏 자신이 보았던 그 어떤 작은 벌레보다도 1,000배는 작은 것들이 시야에 가득 차는 놀라운 광경을 목도하게 된다. 빗방울은 경이롭다고 말할 수밖에 없는 것들을 그득 담고 있었다. 게다가 그 수많은 작은 것들은 제각기 다른 모습으로 꿈틀거리거나 헤엄치면서 자신이 '살아있다는 것'을 몸소 증명하고 있었다. 레이우엔훅은 자신이 처음 본 이 작은 생명체들을 흙먼지나 보푸라기 같은 커다란 물질의 부스러기들이 아니라, 살아 숨쉬는 극미極微동물이라고 부를 수밖에 없다는 것을 깨달았다.

　마이크로 월드의 비밀을 엿본 레이우엔훅의 호기심은 멈출 줄 몰랐다. 그는 빗물뿐 아니라, 강과 호수와 연못과 우물의 물방울을 계속해서 수집했고 자신이 손에 넣을 수 있는 모든 것에 현미경을 들이댔으며, 심지어 자신의 몸을 현미경 샘플 확보의 원천으로 삼기도 했다. 인류는 그를 통해 한 방울의 연못물 속에 네덜란드 연방의 전체 시민 수보다 많은 극미동물이 살고 있음을 알았고, 동맥과 정맥은 서로 따로 존재하는 것이 아니라 모세혈관으로 이어진 순환계의 일부라는 사실을 알게 되었다. 정액은 단지 끈적이는 액체가 아니라 미친듯이 헤엄치는 정자들로 가득 찬 수영장 같다는 것도 알게 되었다. 그리고 그가 보았던 것은 개인의 시선 확장에서 멈추지 않았고 전 인류의 시야로 퍼져나갔다. 단지 물리적

　　　　　　　　　　　　　　　　　　　　　Ⅲ. 눈을 넘어 보다

확인에서 그쳤던 것이 아니라 존재의 개념을 다시 보게 되는 개안開眼의 수준으로 날아올랐다.

태곳적부터 존재했으나 이제야 드러난 극미의 세계. 그 세계는 사람들이 지금껏 믿어 의심치 않았던 신념에 결정타를 날렸다. 17세기의 사람답게 경건한 신앙심을 가지고 있던 레이우엔훅이었기에, 그의 눈앞에 드러난 극미동물은 존재 그 자체로 혼란이었다. 감히 신의 의중에 토를 달 수는 없겠지만 그래도 묻고 싶었다. 신께서 이렇게 작고 다양한 존재들까지도 하나하나 창조하신 이유가 도대체 무엇이었을까. 신기하고 다양한 신의 피조물 중 유일하게 신의 목소리에 부름을 받을 줄 아는 인간들이 전혀 인지할 수 없는 형태로 말이다.

위대하신 신께서 보이지도 않을 만큼 하잘것없는 존재들을 하나하나, 그것도 서로 다른 형태와 특성을 가지도록 일일이 재단해가며 진지하게 만들어내는 모습은 상상하는 것만으로도 불경스러울 정도였다. 실제 진화론의 아버지로 유명한 찰스 다윈도 비글호 탐험 도중, 망망대해에서 걷어 올린 그물 속에 그득 든 진귀하고 아름다운 ─ 혹은 괴상망측한 ─ 생명체들의 존재를 대면하고는 "왜 신께서 이토록 아름답고 섬세한 업적의 결과물들을 감탄하고 찬양할 이조차 하나 없는 이 망망대해에 만들어 두셨는지"에 대해 고심했다고 한다. 심안이 오랜 인내와 고된 수련의 결과로 힘들게 열렸다는 것을 감안하면 '극미동물을 제 눈으로 보는' 말초적이고 단순한 경험은 어이없을 정도로 쉽게 오래된 믿음에 균열을 가져왔다. 그것은 우리의 존재가, 나아가 생명체의 존재가 신이 진흙을 빚어 창조한 것이 아닐 수도 있다는 사실이었다. '본다는 것'의 힘은 생각보다 컸다.

　레이우엔훅의 발견 이후, 인류는 끊임없이 보이지 않는 세계를 보려고 애썼으며 다양한 기구와 기술의 발전을 통해 존재조차 인식하지 못했던 영역들을 가시적인 범위로 끌어들였다. 현미경을 통해 극미의 세계를 들여다보고, 망원경을 통해 극대의 세계를 한눈에 담으려 하고, 초음파와 적외선, X선을 통해 가려워진 내부와 감춰진 이면을 들여다보려고 노력해왔다. 그렇게 해서 시각의 영역을 넓혔고, 인식의 범위를 확장했다.

　우리는 미생물을 볼 수 없지만 도처에 미생물이 있다는 것을 알고 있기에 마치 보이는 것처럼 행동한다. 집 안에 들어서는 순간, 어쩐지 손이 무겁고 찝찝하게 느껴지는 것은 밖에서 수없이 많은 것과 닿았던 손끝에 그만큼의 먼지와 미생물이 달라붙어 있는 것을 알기 때문이며, 사탕과 초콜릿을 양껏 먹은 아이가 이 닦는 것을 거부하면 그 순간 부모의 머릿속에는 삼지창을 든 까만색의 악마들로 표상화된 뮤탄스균(충치균)이 아이의 여린 치아를 신나게 갉아먹는 것이 그려진다. 청결함의 기준이 단지 '오물이 묻지 않은' 것의 수준을 넘어 항균, 제균, 살균을 지나 멸균 단계까지 높아지는 것도, 피 묻은 주사바늘이 그 어떤 총칼보다도 무섭게 보이는 것 역시도 미생물의 존재를 알게 된 이후 일어난 변화다.

　보임은 인식을 가져오고, 인식은 다시 보임으로 되먹임 고리를 형성한다. 묘한 것은 우리가 더 많이 볼 수 있게 되면서, 그와 동시에 더 많이 볼 수 없게 된다는 사실이다. 보임과 인식 사이의 되먹임 고리처럼 보이지 않음은 인식적 부재로 이어지고, 인식적 부재는 존재를 지운다.

시선을 우주로 확장하다: 망원경

푸른 하늘과 누런 대지가 끝없이 이어지다가 만나는 곳. 자연이 빚어낸 황량하고 웅장한 광야와 거기에 줄줄이 늘어선 초현대식 하얀 기계들은 기묘한 부조화 속의 미학을 뿜낸다. 현실 같지 않은 이 광경의 백미는 한 여인이다. 마치 오래전부터 뿌리내린 고목 혹은 원래부터 그곳에 놓여 있었던 암석처럼 늘 같은 자리에서 풍경처럼 존재하는 그녀의 이름은 앨리 애로웨이. 그녀의 몸은 지상의 한 자락에 멈춰 있지만, 그녀의 감긴 두 눈과 귀는 우주의 비밀을 탐색하느라 바쁘게 움직이고 있다.

영화 〈콘택트〉가 어떤 내용이었는지 가물가물한 사람들이라도 주인공을 연기한 조디 포스터가 메마른 대지 위에 세워진 27대의 거대한 전파망원경 사이에 앉아 헤드폰을 쓰고 우주의 소리를 듣는 장면은 기억에 남을 것이다. 그런데 이상하지 않은가? 망원경望遠鏡, telescope이란, 말 그대로 '먼 곳을 내다보는 거울'이라는 뜻인데 왜 그녀는 망원경에서 전해주는 정보를 귀로 듣는 것일까?

기술의 적용은 필연적으로 인체의 확장과 이어진다. 인간이 자유롭게 쓸 수 있는 두 손을 통해 만들어낸 것은 태생적으로 갖고 태어난 육체의 가능성을 확장시키는 것이었다. 인간의 턱은 사자나 악어처럼 튼튼하지 못해 — 사자의 무는 힘은 사람의 7배, 악어는 무려 20배나 강하다 — 일격에 사슴의 목줄기를 물어뜯거나 물소의 머리뼈를 부수지는 못하지만, 암석과 금속을 쪼개고 벼려서 만들어낸 도끼와 칼은 부족한 턱과 손발의 힘을 충분히 보상한다. 오랜 세월 인류는 다양한 방법을 통해 육체의 한계를 확장시켜 왔으며, 그 대상은 물리적 힘의 영역뿐 아니라 감각의 영역으로도 확장되었다. 흐릿해진 물체를 잘 보기 위해 안경이 만들어졌고, 작은 물체를 확대해 보기 위해 확대경과 현미경이 개발되었으며 시야를 확장시키기 위해 망원경이 제작되었다. 그리고 그때마다 인간의 시야는 천성적 한계를 극복하고 새롭게 업그레이드되었다.

망원경의 어원은 '멀다'는 뜻의 tele—와 '본다'는 뜻의 skopein이 더해진 합성어로 말 그대로 먼 것을 볼 수 있게 만들어주는 것을 말한다. 망원경을 처음 만든 사람은 17세기 네덜란드의 한스 리페르셰이Hans Lippershey로 알려졌다. 안경제조업자였던 리페르셰이는 직업상 렌즈를 다루는 일이 많았고, 그 과정에서 우연히 볼록렌즈와 오목렌즈를 겹치면 먼 곳에 있는 물체가 가깝게 보인다는 사실을 알게 되었다. 이 원리를 적용해 그는 1608년 기다란 원통에 두 개의 렌즈를 겹쳐서 만든 최초의 망원경을 선보이게 된다. 당시 이 망원경의 배율은 3배 정도였기에 실용성은 그다지 높지 않았다. 하지만 신기한 장난감 수준에 불과했던 망원경을 제대로 이용하면 오랜 세월 수수께끼에 쌓여 있던 하늘의 비밀을 밝힐 수 있다는 것을 알아낸 사람도 있었다. 바로 최초의 근대과학자로 불리는 갈릴레오 갈릴레이Galileo Galilei, 1564~1642다.

망원경의 존재를 안 갈릴레이는 이를 직접 개량해서 배율을 30배까지 올렸고 인류 최초로 목성의 새로운 모습을 본 사람이 되었다. 사실 목성은 태양계 행성들 중 금성 다음으로 밝은 별이기에 육안으로도 충분히 볼 수 있지만, 망원경으로 들여다보자 그간 목성의 빛에 가리워 보이지

않았던 4개의 작은 위성들이 모습을 드러냈다.

갈릴레이가 최초로 관찰한 4개의 위성은 인류의 천문학에 대한 심안뿐 아니라 갈릴레이 개인의 인생에도 새로운 빛이 되었다. 목성을 중심으로 도는 4개 위성의 존재는 모든 천체들이 지구를 중심으로 돌도록 만들어졌다는 기존의 믿음을 반박하는 '눈에 보이는' 증거였다. 덧붙여 갈릴레이는 이 위성들을 통해 그가 오랜 세월 시달린 경제적 궁핍함과 세속적 차별대우를 일시에 털어낼 수 있는 새로운 미래를 보게 된다. 갈릴레이는 이들을 묶어 '메디치가의 별들'이라고 칭한 뒤, 당시 피렌체의 통치자였던 메디치 가문의 코시모 2세와 세 명의 왕자에게 이 별들을 바쳤다.

하지만 그는 이러한 형식적인 의식을 통해 — 애초에 별이란 게 누군가에게 직접 가져다 바칠 수 있는 것이 아니므로 — 메디치가의 전속 수학자이자 철학자라는 권위와 함께, 생계 걱정 없이 좋아하는 하늘만 실컷 볼 수 있는 경제적 안정도 보장받게 된다. 그는 망원경으로 저 멀리 하늘뿐 아니라 자신의 미래까지도 본 셈이다.

갈릴레이의 이런 '미래마저 내다보는 망원경적 시야'의 전통은 훗날 영국의 천문학자 윌리엄 허셜William Herschel, 1738~1822까지 이어졌다. 허셜은 자신이 최초로 발견한 태양계의 일곱 번째 행성을 '조지의 별 George's Star'이라고 명명해 영국의 조지 3세에게 바친 바 있다. 자신의 이름을 신들과 나란한 반열 — 이전에 찾은 5개의 행성 이름은 모두 신의 이름에서 유래되었다 — 에 올릴 수 있다는 것을 안 조지 3세는 크게 기뻐하며 상금으로 무려 4,000파운드를 하사한다. 1760년대 영국의 글래스고대 교수였던 아담 스미스가 연봉 170파운드를 받았다고 하니 4,000파운드는 어마어마한 금액이다. 허셜은 이 상금을 바탕으로 당시 세계 최대의 망원경을 만들었고, 별들을 보는 눈을 한층 키울 수 있었다. 하지만 '조지의 별'은 얼마 못 가 제우스의 할아버지인 우라노스Uranos에게 이름을 뺏기고 역사 속으로 사라진다. 우리가 지금 태양계의 일곱 번째 행성을 조지의 별이 아니라 천왕성天王星이라고 기억하는 이유는 이 때문이다. 아무래도 일개 인간보다는 신들의 왕 제우스의 조상 쪽이 더 강했던 모양이다.

빛 너머의 세상을 보다

리페르세이의 손에서 탄생해 갈릴레이를 거쳐 허셜의 손으로 이어지면서 망원경은 초기의 굴절 망원경에서 반사 망원경으로 변모하며 점점 덩치를 불려갔다. 빛, 정확히 말하자면 사람의 눈이 인식할 수 있는 가시광선을 보는 광학 망원경은 무엇보다 렌즈의 크기가 중요하다. 사실 우주는 어둡다. SF 영화에 등장하는 우주가 검은 스크린 속의 작은 점들의 조합으로만 제시되는 건 실제로 우주가 그렇기 때문이다. 따라서 망원경의 성능은 얼마나 크게 볼 수 있느냐가 아니라 얼마나 더 어두운 것까지, 얼마나 약한 빛까지 잡아낼 수 있는지가 중요하다.

렌즈의 직경이 크면 클수록 빛을 많이 모을 수 있고, 빛을 많이 모으면 어두운 별도 볼 수 있다. 특히나 오목거울을 이용해 반사된 빛을 모아서 보는 반사 망원경의 경우, 빛을 모을 수 있는 능력을 집광능이라고 하는데 렌즈 직경이 2배로 증가하면 집광능은 제곱으로 증가한다. 즉, 직경이 2배면 집광능은 4배, 직경이 10배로 증가하면 집광능은 100배 좋아진다. 당연히 집광능이 좋아지면 맨눈으로는 관찰할 수 없던 별도 볼 수 있게 된다. 현미경의 능력이 작은 것을 크게 확대하는 것이라면, 망원경의 능력은 어두운 것을 환하게 밝히는 것이다.

하지만 아무리 집광능을 증가시킨다한들 가시광선 영역만을 밝혀서 보는 것은 한계가 있다. 렌즈 자체가 지닌 특성 때문에 정밀한 기술과 엄청난 자본의 투자가 있다 하더라도 굴절렌즈는 1미터를 넘기 힘들고, 반사경도 최대 8.4미터를 넘길 수가 없다. 이건 물리적 한계다. 광학현미경을 아무리 정밀하게 가공해도 가시광선의 파장보다 작은 물체는 볼 수

마젤란망원경(상상도).

없는 것처럼 기술적 장치가 지닌 태생적인 한계인 셈이다. 그래서 현재
칠레의 라스 캄파나스 산에 세워지는 초대형 망원경인 마젤란 망원경은
직경 8.4미터의 반사경을 7개 만들어 하나를 중심에 놓고 나머지 6개를
꽃잎처럼 둘러서 최대 직경을 25.4미터로 확장시키려 하고 있다.

　하지만 광학현미경의 한계를 그보다 더 파장이 작은 전자파를 이용
해 극복했듯 망원경의 한계도 전파를 통해 극복될 수 있다. 이렇게 등장
한 것이 전파망원경이다. 실제로 별들은 가시광선뿐 아니라 다양한 파
장의 전자기파들도 발산하기에 이들을 감지할 수만 있다면 더 어둡고 더
미약한 빛도 감지할 수 있다. 전파망원경은 가시광선 너머의 전파 대역
의 파동을 잡아내므로 육안으로 볼 수 없는 별의 모습을 포착하는 것도
가능하다.

　우주는 상상 이상으로 넓기 때문에 전파망원경 역시 광학망원경과
마찬가지로 크면 클수록 좋다. 하지만 당연하게도 전파망원경의 크기를
무한정 늘릴 수는 없기에, 다수의 전파망원경을 이들이 늘어선 면적에

미국 뉴멕시코 주에 있는 전파망원경.

　　　　　　　　　　　　　Ⅲ. 눈을 넘어 보다

해당하는 분해능을 얻도록 일정한 패턴으로 배열하는 방법이 개발되어 있다. 영화 〈콘택트〉에 등장하는 미국 뉴멕시코 주의 VLA_{very Large Array}의 커다란 전파망원경들이 대표적이다. 이곳에는 지름 25미터 크기의 대형 전파망원경 37대가 대문자 Y형태로 늘어서 우주를 유영하는 전파 신호를 수신하고 있다. 클수록 미세한 신호까지 잡아낼 수 있기에 가능한 크게 만들었고, 여러 대를 배치한 이유도 유효직경을 키워 우주를 바라보기 위해서다.

하지만 전파망원경은 가시광선을 이용하기에 접안렌즈에 눈만 대면 볼 수 있는 광학현미경과는 달리 그 자체로 직접 우주를 볼 수는 없다. 사실 전파라는 것 자체가 인간의 오감으로는 인식 불가능한 정보이기 때문에 전파망원경이 수집한 정보를 해석하기 위해서는 인간이 인식할 수 있는 정보의 형태로 변환하는 과정이 필요하다. 그런데 그 정보의 형태가 반드시 시각적일 필요는 없다. 즉, 전파 정보를 이미지로 변환할수도 있지만, 소리로 변환하는 것도 가능하고 무방하다. 영화 속 조디 포스터가 늘 헤드폰을 끼고 사는 건, 전파망원경에서 얻은 신호를 변환한 소리를 듣기 위해서다. 마치 태아의 심장박동 소리처럼 들리는 별들의 고동을 그녀는 눈보다 귀를 통해 받아들이기로 한 것이다.

망원경으로 별을 보다

흔히 천체 관측이라 하면 깜깜한 밤에 인적도 불빛도 없는 첩첩산중에 고고하게 서 있는 망원경의 이미지가 떠오른다. 별빛을 눈으로만이 아니라 몸으로도 느낄 수 있을 법한 그런 곳. 대기마저도 봄기운으로 빛나는

4월의 한낮에 도심 근처에서 천체 관측을 했다. 이곳에서 만난 천문학자 이강환 박사는 비록 태양이 너무 밝아 그 빛에 가리워질 뿐, 낮이라고 해서 별이 사라지는 것은 아니기 때문에 몇몇 밝은 별 — 대표적으로 금성과 목성 — 들은 낮에도 충분히 관측이 가능하다고 귀띔해주었다.

더군다가 낮의 관찰은 어차피 하늘이 밝기 때문에 도심이나 청정지역이나 별 차이가 없다. 나아가 이 시간대는 지구상에서는 오직 낮에만 볼 수 있는 별, 즉 태양의 본 모습을 관찰할 수 있는 좋은 기회가 될 수도 있다. 돔 지붕의 관측소에는 국내에서 두 번째로 크다는 지름 1미터 크기의 대형 망원경이 하늘을 향해 눈을 돌리고 있었다. 렌즈에 눈을 대고 이 시기에 볼 수 있다는 목성의 자취를 좇으니 문득 갈릴레이의 이름이 떠올랐다. 직접 렌즈를 갈아 망원경을 만들어서까지 별을 보고 싶었던 그의 열정도.

대낮의 하늘을 구경한 뒤, 태양을 좀 더 자세히 보기 위해 다양한 크기의 망원경들이 태양을 향해 초점을 맞추고 있는 옥상으로 나갔다. 이들은 각각 서로 다른 필터를 이용해 태양의 다른 모습을 보여주는 역할을 한다. 겉보기 등급이 −26등급에 달하는 태양은 너무 밝아서 오히려 제대로 보기가 어렵기에 다양한 필터를 이용해야 한다. 세 대의 망원경은 각각 태양의 색을 초록, 주황, 빨강으로 보여주고 있었다. 너무 밝아서 실체를 볼 수 없고 필터를 이용해 걸러내야만 볼 수 있다는 것이 새삼 신기했다.

문득 그리스 신화 속 세멜레와 제우스의 이야기가 떠오른다. 남편 제우스가 또 다시 바람이 났다는, 그것도 테베의 공주인 인간 세멜레와 그렇고 그랬다는 사실에 분노한 헤라는 세멜레의 유모로 가장해 그녀를 꼬드긴다. 사실 그는 진짜 제우스가 아니라 제우스를 사칭하는 사기꾼일 일지도 모른다고, 만약 그가 제우스라면 그에게 진짜 모습을 보여달라고 청하라고. 의심은 불안을 낳는다. 결국 세멜레는 소원 한 가지 들어주겠다는 제우스에게 진짜 모습을 보여달라고 부탁한다. 한 번 내뱉은 말은 주워담을 수 없었던 제우스는 몸을 가렸던 황금 갑옷을 벗고 진짜 모습으로 세멜레 앞에 선다. 뜨겁게 빛나는 번개의 모습을 지닌 제우스의 광휘에 인간 세멜레는 한줌의 재로 바스라지고 만다.*

태양도 마찬가지다. 표면 온도는 약 섭씨 6,000도에 불과하지만, 거기서 솟아오르는 코로나는 섭씨 100만도까지도 쉽게 올라가기 때문에 가까이 다가가고 싶어도 그럴 수 없다. 실제 모습을 보도록 허락하지 않는 것은 태양만이 아니다. 우리가 미디어에서 익히 보는 안드로메다 은하나 게자리 성운의 멋진 모습들도 우리 눈에 보이는 그대로가 아니라, 다양한 종류의 필터나 여러 가지 파장의 전파들을 이용해 얻어낸 각각의 정보들을 조합하는 방법으로 만들어낸 경우가 많다. 인간의 오감은 한계가 있고 시각 역시 마찬가지다. 광활한 우주를 좁은 인간의 시야로 바라보기 위해서는 이를 매개해줄 장치가 필요할 것이며, 인간은 이를 망원경이라는 '커다란 눈'을 통해 조금씩 넓혀나가는 중이다.

여러 대의 망원경으로 태양의 모습을 관찰하고나니 새삼 태양이 새롭게 보인다. 그리고 이는 누군가만의 것이 아니라는 사실도 흥미로웠다. 흔히 전문가와 아마추어를 나누는 기준은 여러 가지가 있지만, 전용

---

* 세멜레의 뱃속에 있던 자신의 아들을 구해낸 제우스는 아직 어미의 뱃속에 있어야 할 태아를 살리기 위해 자신의 허벅지를 갈라 그곳에 넣고 달수를 채웠다. 그렇게 태어난 존재가 술의 신 디오니소스다.

224

물품을 구비하느냐 아니냐의 여부도 하나의 기준이 되곤 한다. 승마를 처음 배우는 초보자는 승마장에서 말을 빌려 타지만, 전문 기수는 자신의 말이 있는 것처럼 말이다. 하지만 천문학계에서는 오히려 반대다. 천문학 분야에서는 자신만의 망원경을 가진 사람이 오히려 아마추어이며, 진짜 연구자들은 개인 망원경을 거의 이용하지 않는다. 그도 그럴 것이 전문적인 정보를 얻을 수 있는 망원경들은 어마어마한 덩치에 걸맞게 비싼 몸값과 오랜 제작기간을 필요로 하기 때문에 개인이 이를 소유한다는 것은 매우 어려운 일이다. 따라서 대부분의 관측기기들은 공공의 소유이며 누구에게나 열려 있다. 천문학계에서는 기기의 공유뿐 아니라 정보의 공유도 일상화되어 있다.

천문학자들은 자신이 어렵게 관측한 자료를 짧은 유예 기간이 지난 후에 모두에게 공개하는 것이 원칙이며, 미항공우주국NASA에서조차도 자신들이 보유한 다양한 망원경들의 사용 권리를 타인에게 나눠주는 데 인색하게 굴지 않는다. 또한 대부분의 천문 사진들은 상업적 용도로 2차 사용되지 않은 한 저작권 문제에서도 자유롭다. 땅에는 주인이 있어도 하늘에는 주인이 없기에, 우주를 볼 권리는 누구에게나 열려 있다는 것이다. 망원경을 통한 시야의 확장은 그를 보는 이들의 마음조차도 열어놓은 것이다.

죽음을 보다: 부검실

흰 천을 걷어내자 마치 감는 것을 잊어버린 듯 무심하게 벌어진 눈동자와 시선이 마주쳤다. 한두 번 겪는 일도 아니지만 눈을 뜬 시신과 마주하는 건 늘 흠칫한 느낌이 든다. 동시에 죽음과 부패의 냄새도 치솟아 오른다. 조심스레 시신의 안구를 적출해 고정액 속에 담아 기계 속에 넣는다. 이제 내가 할 일은 끝났다. 고정액 속의 화학 물질들이 망막에 남은 마지막 전기 화학적 변화들을 고착화시키고, 컴퓨터에 내장된 소프트웨어가 이를 디지털 이미지화 시켜 모니터에 띄울 때까지 남은 건 기다림 뿐.

잠시 후 모니터에 흐릿한 이미지들이 떠오른다. 이미지 선명화 프로그램이 가동되자, 희미했던 점들은 점차 또렷해지며 화면에 누군가의 얼굴을 만들어낸다. 모니터에 떠오른 건 분노와 공포로 일그러진 누군가의 얼굴이다. 지금은 싸늘하게 식어버린 망자가 마지막으로 본 얼굴이자 그에게서 생명의 온기를 앗아간 살인자의 얼굴, 망자의 눈에 아로새겨진 살인자의 증명사진인 셈이다.

언젠가 보았던 소설에서 아직도 강하게 남아있는 이미지가 있다. 바로 '망자의 카메라'라는 설정이었다. 원리는 이렇다. 눈의 망막은 흔히 카메라 필름에 비유된다. 셔터를 누를 때만 찍히는 카메라와는 달리 눈은 떠 있는 동안 끊임없이 작동한다는 것이 다른 점이지만. 하지만 일생에

단 한 번, 망막에 맺히는 상이 고정되는 순간이 있다. 바로 죽음의 순간이다. 여기서 착안한 작가는 망자의 망막에 남겨진 전기화학적 신호를 디지털 이미지로 변환하는 방법을 고안해냈고, 그렇게 만들어진 것이 바로 '망자의 카메라'라는 개념이었다. 이 소설에서는 '망자의 카메라'가 살인 사건 해결에 결정적인 증거가 되곤 했다. 살해된 누군가가 보았을 마지막 장면으로 가장 합당한 것은 그들의 삶을 끝내게 한 그 사람일 테니.

오늘 유독 '망자의 카메라'가 떠오른 건 발걸음을 옮기는 곳이 국립과학수사연구원의 서울과학수사연구소(이하 국과수) 법의학센터이기 때문이다. 이곳에서 부검 참관을 통해 죽음의 순간과 맞대면할 것이며 망자를 대신해 그들의 눈이 되어 주는 이들을 만날 것이기 때문이었다.

죽음을 마주하는 다양한 눈들

부검剖檢, autopsy의 어원은 '자신oneself을 보다opsis'라는 뜻에서 유래되었다. 즉, '사인死因·병변病變·손상損傷 등의 원인과 그 정도 등을 규명하기 위해 시체를 해부·검사하는 일'이 바로 부검이다. 죽은 이 혹은 그 영혼이 스스로 자신의 몸을 돌아보는지는 알 수 없지만, 적어도 현실에서는 이들의 죽은 몸에 남은 흔적들을 대신 보아주는 사람들이 있다.

사람은 누구나 죽는다. 따라서 죽음 그 자체는 매우 보편적이고 당연한 일이지만, 죽음에 이르는 방법은 그렇지 못하다. 자연의 순리처럼 찾아오는 죽음도 있으나, 때로는 갑작스러운 사고이자 예기지 못한 불행의 결과로 찾아오기도 한다. 그러니 결과가 동일하다고 해서 의미까지 동일한 것은 아니다. 자연스러운 죽음은 슬픔과 애도의 시간을 통해 받아들이는 삶의 한 자락일 수 있지만, 돌발적이고 갑작스러운 죽음은 걷잡을 수 없는 고통과 분노의 혼돈이다. 따라서 이들을 대신해 죽음의 원인을 똑바로 바라보는 이들이 바로 법의학 전문가들이다.

'진실을 밝히는 과학의 힘'이라는 국과수의 슬로건이 걸린 복도를 지나 부검실로 향했다. 부검실 입구는 일반 병원과 별다를 바가 없었다. 입구 바깥쪽에는 앰블런스가 주차할 수 있는 공간이 있었고, 입구 안쪽은 유족 대기실이었다. 유족 대기실은 너무 낯익어서 부검실이라는 낯선 단어와 묘한 괴리감이 들었다. 이곳은 흔히 접하는 병원 수술실 앞에 위치한 보호자 대기실과 구조가 동일했다. 보호자들의 다리에 잠시간의 휴식을 줄 긴 의자들과 당사자가 아니면 들어가지 못하는 닫힌 문 너머의 상황을 전해주는 전광판까지도. 다만 수술실 앞의 보호자들에게는 전광판의 이름이 사라지면 다시 사랑하는 이의 눈동자를 볼 수 있다는 희망이 남아 있겠지만, 이곳 부검실 앞의 유족들에게 전광판에서 이름이 사라지는 순간은 사랑하는 이와 영원히 이별해야 한다는 사실이 더욱 선명해지는 순간이리라.

앰블런스에 실려 국과수로 온 시신들은 바로 부검실로 들어가는 것이 아니라 먼저 컴퓨터 단층 촬영(이하 CT)실을 거치게 된다. 일명 '디지털 부검'을 위해서다. 이곳에서는 시신의 전신을 촬영해 시신 내부의 디지털 이미지를 만든다. 어차피 부검을 하면서 시신을 열어 볼 텐데 군이 CT를 왜 찍어야 하는지 의문이 들 수도 있다. 이는 낯선 곳을 찾아가야 할 때 미리 위성지도를 살피고 위치를 파악하면 길을 잃고 헤맬 확률이 줄어들고, 개복 전에 CT를 촬영해 미리 환자의 내부 상태에 대한 정보를 알아두는 것이 수술 시 도움이 되는 것과 동일한 이유에서이다. CT를 찍어서 디지털 부검도를 만들어두면 겉으로 봐서는 잘 드러나지 않는 전신의 미세한 골절이나 손상 정도를 한눈에 파악하기 쉽고, 내부 손상 부위에 대한 정보를 미리 알고 부검을 시작할 수도 있다. 특히나 CT는 인체 내부에 유입된 공기와 물을 확인하는 데 탁월하다. 그래서 대표적으로 CT가 잘 잡아낼 수 있는 것이 기흉이다.

　기흉氣胸이란 여러 가지 이유로 폐포가 터져 흉강 내부에 공기가 차는 것으로, 그대로 방치할 경우 흉강 내 들어찬 공기에 의해 폐가 눌려 사망에 이를 수 있다. 기흉이 있다는 것을 인지하지 못한 채 부검을 하게 되면 흉강을 자르는 순간 외부에서 공기가 유입되므로 기흉 판단이 어려울 수도 있지만, 미리 CT촬영을 하면 없어야 할 곳에 있는 공기덩어리의 모습을 확실히 보여주어 이런 실수를 하지 않게 된다. 이곳의 CT는 사람의 눈으로 죽음의 원인을 확인하기 전, 기계의 힘을 빌려 죽음의 순간을 좀 더 세밀하게 보고자 하는 '망자를 위한 기계의 눈'인 셈이다.

　1차로 CT실에서 디지털 부검을 거친 시신은 더 자세한 확인을 위해 부검실로 옮겨진다. 부검 참관을 위해 참관실로 올라갔다. 직접 시신과 마주하는 것이 허락되었던 해부학 실습실과는 달리 부검은 부검실 창문 밖에 위치한 참관실에서만 가능하다는 점이 달랐다. 부검실에서만 경험할 수 있는 현장의 소리와 냄새에서 차단된다는 것은 아쉬운 일이었지만 이는 부검의 편의와 망자에 대한 예의, 그리고 참관인을 모두 보호하기 위한 조치였다.

　흔히 CSI나 NCIS 같은 드라마에 등장하는 부검 장면은 어둑한 부검실에서 법의관 혼자 진행하는 것으로 묘사되지만, 실제 경험한 국과수의 부검은 개인이 아닌 팀 단위로 이루어지고 있었다. 부검 팀은 보통 직접 시신을 검시하는 법의관(의사) 한 명과 법의조사관 2명, 부검 장면을 기록하는 법의학사진전문가 한 명 등 4명이지만, 오늘은 여기에 갓 부임한 초보 법의관과 각 병원에서 파견된 조직병리학 전공의, 시신을 옮기고 부검물을 정리하는 보조원들까지 더해져 예닐곱 명의 사람들이 한 팀이 되어 부검에 참가하고 있었다.

가로 1미터, 세로 2미터 정도에 불과한 부검대 주위는 이들이 모두 들어서기조차 버거울 정도로 협소했고, 또한 이들의 작업에는 한치의 오차도 없어야 하기에 참관인들에게 내어줄 물리적 공간 자체가 없어 보였다. 게다가 이미 포르말린으로 방부처리되는 과정에서 모든 미생물과 바이러스 제거로 '생물학적 청정지대'가 되어 맨손으로 만져도 위험하지 않은 해부용 시신과는 달리, 부검대에 오르는 시신들은 인위적 처리 과정을 거치지 않기 때문에 조직 속에 남아있는 병원성 미생물들에 의해 감염될 가능성도 있다. 따라서 부검실 안에 들어가는 사람들은 모두 수술복과 마스크, 수술용 장갑을 필히 착용해야 할 뿐만 아니라, 부검실 내부 공기는 위쪽에서 아래쪽으로 인위적으로 흐르도록 하는 특수 설비가되어 있다. 사람의 콧구멍은 대개 아래쪽으로 열려 있기 때문에, 공기 중의 미생물들이 직접적으로 코로 들어가는 것을 막기 위한 설비였다. 그럼에도 불구하고 감염 위험성이 높은 시신들, 예를 들어 에볼라나 에이즈와 같은 치명적 병원체에 감염된 것으로 의심되는 시신이라던가 부패가 많이 진행된 시신의 경우에는 일반 부검실 옆에 따로 마련된 특수 부검실에서 따로 부검이 행해지기도 한다.

참관실에 들어가자 유리창 너머로 나란히 놓인 예닐곱 개의 부검대가 보인다. 보통 하루에 적게는 서너 건에서 많게는 스무 건까지 부검 사례가 들어오기에 여러 건의 부검이 함께 진행되는 것이 보통이라고 했다. 스테인리스로 만들어져 무겁게 빛나는 부검대는 머리 쪽이 높고 다리 쪽이 낮도록 완만하게 기울어져 있었고 발치 부분은 개수대와 연결되어 있었다. 부검 중 시신에서 흘러나오는 체액들이 쉽게 빠져나갈 수 있도록 한 조치로 보였다.

오늘은 그중 두 곳의 부검대가 분주했다. 참관실에서 가까운 시신은 직접 관찰이 가능했고, 먼 쪽의 시신은 부검대 천장에 설치된 카메라를 통해 참관실 벽에 설치된 대형 모니터로 실시간 확인이 가능해서 관찰에 무리는 없었다. 드디어 창문 너머로 부검대 위에 놓인 시신을 마주한 순간, 심장이 쿵하고 떨어지는 느낌이 들었다. 그건 사망한 지 얼마 안 된 시신을 직접 목도했거나, 시신이 끔찍하게 훼손되어서가 아니었다. 그 정도는 이미 각오하고 왔으니까. 오히려 시신의 모습이 너무도 일상적이어서 충격적이었다.

뚜렷한 외상도 없고, 마치 잠든 것처럼 평온해 보이는 표정은 부검실이라는 비일상적인 공간이 뿜어내는 느낌과 어긋났다. 그리고 순간적으로 심장을 조이는 듯한 느낌의 원인은 시신의 얼굴에서 비치는 세월의 가벼움 때문이었다. 젊다는 형용사보다는 차라리 앳되다는 말이 더 어울릴만한 그런 얼굴. 이 젊은이는 어떤 이유로 차가운 부검대에 누워 있는 것일까.

참관과 인터뷰를 허락한 법의관의 말에 따르면, 부검실에서는 젊은 이, 심지어 어린이나 아기의 시신을 마주하는 경우가 드물지 않다고 했다. 저마다 사연들은 달라도 국과수 부검실로 들어오는 시신의 공통점은 모두 '자연스럽지 못한 죽음'의 결과였다. 죽음이 주는 자연스러움은 시신의 나이에 비례해 증가하기에, '젊은 시신'은 그 자체로 부자연스러움의 극치가 된다. 따라서 이들이 전체 사망자에서 차지하는 빈도가 낮은 것과는 반대로 이런 죽음을 부검실에서 마주할 확률은 높아지게 마련이었다.

망자를 대신하는 눈

시신의 외양을 확인하자, 법의관은 몸통을 크게 절개해서 몸을 연 뒤 장기를 차례대로 꺼내기 시작했다. 몸에서 꺼내어진 장기는 무게를 측정한 뒤, 하나하나 잘라서 내부까지 꼼꼼하게 확인했다. 혹시나 모를 장기 내부의 미세한 손상이나 병변 등을 확인하기 위한 조치였다. 뇌도 마찬가지의 과정을 거쳐서 무게와 내부 상태를 확인하고, 각각의 장기의 일부와 혈액은 병리학적, 생화학적 검사를 위해 표본을 채취해 법의학 실험실로 보냈다. 일단 부검실에 들어온 시신은 겉으로 보이는 사인이 분명해 보여도 전신의 장기를 모두 검사하는 것이 원칙이라 했다.

늘 그렇듯이 눈에 보이는 것만이 전부는 아니고, 의문의 실체는 숨어 있을 수 있기 때문이었다. 실제로 참관하는 동안, 겉에서는 드러나 보이지 않았던 출혈점을 피부 아래에서 찾은 시신의 경우에는 몸통뿐 아니라, 시신의 머리칼을 제거하고 두피와 목 뒷부분까지도 추가 검사에 들어갔으며 시신을 돌려 뉘운 뒤 시신의 사지와 손발, 척추 부위까지 절개해서 샅샅이 살피는 모습을 관찰할 수 있었다. 이곳에서 법의관의 눈은 단순히 시신의 상태만을 관찰하는 것이 아니라, 망자가 이곳에 누울 수밖에 없는 마지막 이유를 대신 보아주는 그야말로 'oneself opsis'였다.

부검 내내 시신의 눈꺼풀은 굳게 닫혀 있었다. 사실 부검에서 시신의 눈이 직접적으로 이용되는 경우는 드물다. 실제로 부검 시 뇌는 반드시 적출하지만 눈을 적출하는 경우는 거의 없다. 다만 눈 안쪽에 들어 있는 유리체는 종종 체내의 전해질 농도나 약물 검사용으로 채취되곤 한다.

안구는 외부와 단절된 일종의 폐쇄된 공간이므로, 안구 내부를 가득 채우고 있는 유리체는 사후에도 신체의 다른 부위보다 생리화학적 변화에 영향을 덜 받아 죽음의 순간에 나타나는 체내의 생리화학적 물질 분포를 그대로 담아 보여줄 수 있다. 하지만 유리체의 추출은 주사기만으로도 충분하기에 굳이 안구를 적출할 필요는 없다. 안구를 적출하는 경우는 대부분 망자가 어린아이이며, 아동학대로 사망한 것이 의심되는 경우라고 한다. 안구를 적출해야만 확실히 보이는 안구 안쪽의 출혈 손상은 아동 학대의 실질적 증거가 될 수 있기 때문이다. 여리고 작은 몸이 느꼈을 엄청난 공포와 절망은 죽는 순간까지도 눈에 각인되어 지워지지 않는 셈이다. 순간, 핏발 선 아이의 붉은 눈동자가 떠올라 가슴이 먹먹해졌다.

내부 장기와 기타 다른 부위에 대한 부검이 끝나자 법의관은 각각의 표본 일부만을 남기고 나머지 장기들은 다시 원래의 위치에 넣고 시신을 봉합했다. 시신의 내부가 다시 채워지고, 여러 개의 손들이 시신에 묻은 체액과 얼룩들을 깨끗이 닦아내자 시신은 봉합 자국을 제외하고는 부검실로 들어올 때와 별반 다를 바 없어 보였다. 말끔해진 시신이 부검실을 떠나고 난 뒤, 허락을 얻어 빈 부검실에 들어가 보았다. 부검실의 문은 해부학 실습실과 마찬가지로 이중으로 되어 있었고, 두 개의 문은 절대로 한꺼번에 열리지 않도록 설계되어 있었다. 삶과 죽음의 경계를 나누는 두 개의 문을 차례차례 지나 마주한 부검실의 첫 느낌은 서늘함이었다. 시신이 부검 중에 변질되는 것을 막고자 늘 일정 기온을 유지하기 때문에 다소 차갑게 느껴졌다.

부검실의 느낌을 색으로 표현하자면 '회색'이 어울릴 듯싶었다. 회색 돌바닥과 부검대와 개수대, 부검 도구들이 모두 금속 재질이기 때문이기도 하고, 삶과 죽음의 경계 지대인 이곳의 특성 역시 검지도 희지도 않은 회색과 닮았다. 흔히 죽은 자는 말이 없다고 한다. 죽은 이는 더 이상 자신의 몸을 스스로의 의지로 움직일 수 없기에 자신의 죽음에 대해 이야기할 수도 없다. 하지만 이곳에서 일하는 사람들의 '회색의 눈'은 스스로 말할 수 없는 이들의 눈이 되어 그들이 보고도 말하지 못한 것들을 대신 보아주고 대신 말해주고 있었다. 삶과 죽음의 그 회색 경계에 서서.

시야를 공유하다: CCTV

평소에는 한산했던 건물이 오늘은 안팎으로 분주하다. 건물 주변에는 검은 옷을 입은 채 조용하지만 민첩하게 움직이는 사람들로 분주하고, 건물 입구마다 금속 탐지기와 레이저 스캐너가 설치되어 있다. 시간이 다가오자 창문이 검게 코팅된 방탄차량들이 속속 건물 입구에 들어선다. 그중에서도 특별히 크고 육중해 보이는 자동차의 뒷문이 열리고 차량의 주인이 몸을 드러낸 순간, 어디선가 총탄이 날아와 그의 가슴팍을 뚫고 지나간다. 그리고 이어지는 몇 발의 총성.

순식간에 건물 주변은 아수라장이 된다. 분명 총탄은 날아들었지만, 정작 이를 발사한 사람은 보이지 않자 사람들은 더욱 패닉 상태에 빠져든다. 순간, 차량 뒤에서 제정신을 유지하고 상황을 살피던 유난히 날카로운 눈매를 지닌 검은 옷의 남자가 어딘가를 향해 총을 발사한다. 그의 총구를 떠난 총알은 그가 조준한 곳으로 정확히 날아갔고, 그 총알이 움직임을 멈추자 어디선가 날아오던 의문의 총탄들도 더 이상 날아오지 않았다. 날카로운 눈매의 사나이가 쏜 총탄에 살인자가 살해되었기 때문이었다.

이는 첩보 영화의 흔한 클리셰다. 몰래 숨어서 조준 사격을 하여 사람들의 공포감을 극대화시키는 암살자가 등장하고, 하필이면 주인공이 엄청난 시력의 소유자여서 총알의 움직임을 간파당해 역으로 사살당하는 장면 말이다. 영상으로는 익숙하게 접해서 충분히 가능할 것도 같지만, 음속보다도 빠른 총알의 속도이기에 현실적으로 총알이 날아오는 궤적이 그려지지는 않는다. 결국 이것은 거의 불가능하다고 해야 할 것이다. 하지만 인간의 눈에 보이지 않는다고 해서 인간이 만들어낸 눈까지도 이를 볼 수 없는 것은 아니다. 3차원의 이미지와 수학적 수치를 동시에 찍을 수 있는 적외선 파노라마 스캐너로 본다면, 총탄이 날아오는 방향과 각도를 계산해 암살자의 위치를 추적하는 것도 충분히 가능하다.

과거의 현재화, 개인적 시각의 공용화

시력을 가진 사람이라면 모두 볼 수 있다. 하지만 이들은 결코 같은 것을 볼 수 없다. 개인의 시야는 나의 눈과 나의 뇌를 이용해 보기 때문에 타인과 나는 결코 시야를 공유할 수 없다. 게다가 사람의 눈은 오직 현재만볼 뿐이어서 지나버린 과거의 장면을 다시 볼 수도 없다. 따라서 같은 것을 보더라도 서로 다르게 받아들이는 경우도 많으며, 과거의 장면은 개인의 기억에 의존해 구성할 수밖에 없는데 이 과정에서 서로 간의 시야가 맞지 않아 문제가 생기기도 한다. 특히 여러 가지 이해관계가 상충될때 '현재만을 보고 공유되지도 않는 시야'는 많은 문제를 일으킨다. 그래서 사람들은 눈앞의 장면들을 물리적인 이미지로 만들어 영원히 박제하고 공유하려는 노력을 해왔다.

가장 오래된 이미지의 공유와 보존방식은 그림을 이용하는 것일 것이다. 우리는 선조들이 남긴 그림을 통해 선사시대를 살던 사슴과 들소

---

*   조제프 니세포어 니엡스Joseph Nicéphore Niépce, 1765~1833, 프랑스의 발명가. 최초의 사진술 개발자.

**   루이스 다게르Louis-Jacques-Mandé Daguerre, 1787~1851, 프랑스의 예술가. 1837년 은을 도금한 동판과 요오드를 이용해 다게레오타입이라는 은판 사진술을 개발했다.

의 모습을 공유할 수 있으며, 캔버스와 창문에 물감과 색유리로 남겨놓은 이미지를 통해 수백 년 전 사람들의 마음속에 떠올랐던 감정을 다시금 되새겨 볼 수 있다. 하지만 그림이 '객관적인' 시야 공유의 수단이 되기는 어렵다. 알다시피 그림을 그리는 능력이란 모두 같지 않으며 한 폭의 그림을 완성하는 데는 상당한 시간이 걸리기 때문에 순간적인 이미지를 저장하는 데는 한계가 있다. 그 단점을 보완하는 것이 사진이다.

니엡스*는 1826년, 유대 역청bitumen of Judea이라는 물질이 빛에 민감해 빛에 노출시키면 굳는다는 것을 알고, 백랍판에 유대 역청을 발라 8시간의 노출 끝에 자신의 집 창문 밖으로 보이는 풍경을 영원히 고정시켜 잡아내는 데 성공한다. 그는 이렇게 고정된 이미지에 '헬리오그래피 heliography'라는 이름을 붙여주었다. 사람의 손이 아니라 태양빛이 그려낸 그림이라는 뜻이었다.

니엡스의 발명품으로 인류는 처음으로 이미지를 고정시키는 데 성공했다. 이후 다게르**와 탈보트*** 등 여러 사람의 손을 거쳐 개량된 사진술의 발달은 누구나 카메라와 필름만 있으면 자신이 보는 이미지를 물리적으로 고정해 타인과 공유하는 일이 가능하게 했다. 이제 과거는 단지 흘러가는 것이 아니라 필름과 인화지와 디지털 기기의 액정에 담겨 '순간을 영원처럼' 고정하는 것이 가능해졌다.

사람들은 곧이어 순간의 이미지가 아니라 움직임 자체를 필름에 담을 수 있다는 사실도 깨달았다. 방법은 단순했다. 사진을 아주 빠른 속도로 찍어서 연속적으로 보여주는 것이다. 개인차가 있기는 하지만 일반적

*** 윌리엄 탈보트William Henry Fox Talbot, 1800~1877, 영국의 과학자, 발명가. 칼로타이프(calotype, 음화 상태로 감광판에 영상을 포착해 여기서 양화를 만들어내는 방법)를 개발해 하나의 음화에서 여러 장의 양화를 현상하는 방법을 찾아내 현대 사진술의 기초를 만들었다.

Ⅲ. 눈을 넘어 보다

니엡스의 집 창밖 풍경. 니엡스가 1826년경 만들어낸 사진 이미지(헬리오그래피)로, 최초의 사진으로 흔히 알려져 있다. 노출시간이 8시간이었기 때문에, 해가 하늘을 가로질러서 안뜰 양쪽을 비추고 있다. ©위키피디아

으로 1초당 24장 정도의 이미지가 연속해서 보여지면 우리의 뇌는 이를 분절된 사진이 아니라 연결된 움직임으로 받아들인다.

우리는 원하면 언제든지 모든 세상을 사진 혹은 영상으로 남겨 과거를 고정시키는 것이 가능하다. 디지털 기기의 발전은 이렇게 고정된 과거의 이미지를 화질 저하의 문제 없이 얼마든지 복제해 수많은 사람들이 공유하는 것을 가능케 한다. 현대인들은 배터리와 저장 용량이 허락하는 한 언제든 내 눈이 보는 세상을 영원토록 저장할 수 있으며, 인터넷과 와이파이 이용이 가능한 한 언제든 자신이 본 것을 타인과 공유하는 것이 가능하다. 나의 눈은 여전히 내 것이지만 내가 본 것을 타인과 공유해 모두가 볼 수 있는 시대에 살고 있는 것이다.

어디에나 있는 눈

찰리 채플린의 1936년작 〈모던 타임즈〉에 등장하는 철강회사 사장(알 어니스트 가르시아 분)의 주된 임무는 사장실에 앉아 공장 내 여기저기에 영상 카메라 화면을 관찰하는 것이다. 그는 이 카메라를 자신의 눈으로 활

용한다. 하루 생산량을 판별해 중간 관리자에게 오늘의 작업 할당량을 화면으로 지시하는 동시에 직원들이 게으름을 부리고 있는 것은 아닌지 감시한다. 지루한 반복 노동에 잠시 짬을 낸 채플린이 화장실에서 담배를 피우면서 쉬고 있을 때도 그는 감시의 눈을 쉬지 않는다. 가장 개인적이고 은밀한 공간인 화장실에서조차 그의 눈을 피할 수 없는 것이다.

영상 기술의 발달이 누구나 2개밖에 없는 생물학적 눈의 한계를 넘어서 수천 수만 개의 눈을 통해 더 많은 이들을 감시하고 통제하는 수단으로 변모하리라는 것을 채플린은 이미 80년 전에 예감했던 듯하다. 훗날 이 개념은 조지 오웰의 소설 『1984』에서 텔레스크린을 통해 전국민을 감시하는 '빅 브라더Big Brother'로 구체화되었다. 한 개인, 혹은 소수의 권력자가 상징적인 표현이 아니라 진짜로 전 국민을 실시간으로 감시할 수 있다는 것이 상상이 아닌 현실이 되면서 이제 타인에게 자신을 노출하는 것이 일상적인 생활이 되었다.

사실 현대 사회에서는 누군가의 눈에 뜨이지 않고 사라지는 것 자체가 어려울 정도가 되었다. 미국 드라마 〈FBI 실종 수사대Withtout a Trace〉에서는 실종 신고가 들어오면 현대 사회가 가진 도처의 눈을 이용해 실종자를 추적한다. 현대인들은 흔적을 감추기 어렵다. 신용카드와 교통카드는 사용할 때마다 기록이 남고, 인터넷 사이트에 접속하면 아이피 주소와 검색 기록이 남는다. 이런 것들을 사용하지 않아도 기록이 안 남는 건 아니다. 도처에 널린 CCTV는 개인이 어디서 어디로 움직이고 있는지 무얼 하고 있는지를 낱낱이 감시하기 때문이다.

CCTV란 폐쇄 회로 텔레비전 closed circuit television의 줄임말로, 원래 보통의 TV방송이 불특정 다수의 독자를 상대로 방송하는 것과는 달리 '특정한 수신자'만이 화면을 볼 수 있도록 제공하는 카메라를 말한다. 공개적이지 않고 폐쇄적이라 하여 '폐쇄 회로'란 말이 붙은 것이다. 때로 CCTV는 '무인 감시 카메라'라고 부르기도 한다. CCTV의 특성상 주로 사람이 조작하지 않고 저절로 촬영되며, 그 목적이 특정한 행동을 '감시'하는 경우가 많기 때문이다. 보통 CCTV는 실제 촬영하는 카메라와 촬영한 영상을 녹화하는 CCTV 녹화기, 즉 DVR Digital Video Recorder로 구성되어 있다.

디지털 카메라로 촬영한 영상을 PC에 옮겨 보관하듯, CCTV로 촬영된 영상은 DVR로 옮겨져 저장된다. 최근에는 CCTV 자체에 녹화 기능이 달린 제품도 나오고 있지만, 항상 켜져 있어야 하는 CCTV의 특성상 저장 공간의 부족으로 인해 DVR을 이용하는 녹화가 일상적이다. 이처럼 CCTV는 입력된 영상을 DVR에 저장할 뿐, 다시 송출하는 기능이 없다. 최근에는 설치 목적과 성능에 따라서 적외선을 이용해 어두운 곳에서도 찍을 수 있는 CCTV나 화질과 선명도를 높인 고성능 CCTV도 만들어졌지만, 사람의 조작 없이 '찍고 저장한다'는 기능은 동일하다.

최초의 CCTV는 1942년 독일에서 월터 브룩에 의해 V-2 미사일의 발사 장면을 촬영하기 위해 만들어졌다. 미사일의 특성상 가까이 다가가기가 어렵지만, 발사 시 일어나는 일들을 실시간으로 기록해둘 필요가 있기에 실시간으로 무인 감시를 위해 만들어진 것이다. 처음에는 군사적 목적으로 개발되었던 CCTV는 1949년 미국에서 베리콘 Vericon이라는 이름으로 도입되어 정부에서 사용되기 시작한다. 이렇게 초기에는 주로 군

사용이나 정부의 시설 감시용으로 쓰이던 CCTV는 1968년 폭력 사건을 감시하기 위해 처음 뉴욕의 주요 거리에 설치되면서 점차 은행, 백화점 등으로 사용 범위를 넓혀나가기 시작했고, 이제는 마치 스스로 분열하는 것처럼 늘어나고 있다.

지난 2010년 말 국가인권위원회가 조사, 발표한 '민간부문 CCTV 설치 및 운영 실태조사'에 따르면 민간부문의 CCTV는 주택가, 상가, 지하도, 교통시설, 도로 및 인도 등 거의 전 지역에 설치되어 있다. 성인의 경우 하루 평균 83.1회(최소 59회에서 최대 110회) 꼴로 CCTV에 찍히고 있으며, 거리 이동 중에는 평균 9초에 한 번 꼴로 각종 CCTV에 노출되는 것으로 나타났다. 이후 5년이 지나면서 CCTV 수는 더욱 늘어났는데 CCTV가 필수적으로 설치되어야 하는 장소도 늘어나면서 이 수치는 더욱 늘어났을 것으로 추정된다. 이런 감시의 눈은 이제 더 이상 권력자의 전유물만이 아니다.

최근에는 누구나 하나씩 가지고 있는 휴대폰 카메라도 개인을 감시하는 도구로 훌륭히 이용되고 있다. 최근 몇 년간 인터넷 상에서 논란이 되었던 성추행 남성이나 막말하는 여성의 동영상들은 이제 사람들이 있는 곳이라면 어디서든 자신의 행동이 타인에 의해 감시되고 심지어 영상으로 기록될 수 있다는 것을 보여준다. 그나마 CCTV는 드러나 있는 경우가 많기 때문에 조금만 신경 쓰면 CCTV가 있다는 것을 알 수 있고, 피할 수 있는 가능성도 있지만 개인이 지니고 있는 폰카메라나 애초부터 비밀리에 사생활을 파헤치기 위해 설치된 몰래카메라는 발견하기도 피하기도 쉽지 않다.

심지어 최근에는 위성사진을 이용한 실시간 지도 서비스로 인해 자신의 집 옥상에서 나체로 일광욕을 하던 사람, 후미진 거리에서 애정 행각을 벌이던 연인, 누군가를 잔인하게 폭행하는 장면 등이 무차별적으로 노출되는 경우가 생겨나기도 했다. 지도 서비스를 통해 편리하게 길을 찾는 것에 동의하는 순간, 나의 모습이 대기권 상층에 떠 있는 위성 카메라에 찍혀 전 세계로 생중계 되는 것을 묵인해야 한다는 전제가 깔린다는 것이다. 누구나 볼 수 있는 눈의 등장으로 우리는 누구에게도 보일 수 있다는 것을 묵인해야 하는 세상에 살고 있다. 헤르메스의 칼에 의해 목이 잘린 아르고스가 현대를 본다면, 세상에 자신과 같은 사람들이 너무 많아 풀이 죽을지도 모르겠다.

다른 눈으로 보다: 동물의 눈

미래의 반군 지도자 존 코너를 제거하기 위해, 아니면 그를 보호하기 위해 과거로 날아온 터미네이터. 그의 눈에 비친 세상은 수천만 화소의 총천연색 고화질 화면이 아니라 온통 붉은색 음영으로만 이루어진 어두운 세계이다. 액체에서 고체로 성상 변화가 가능한 로봇을 만드는 사회에서 색을 구별하는 능력을 구현하지 못할 리는 없을 테니 이는 의도가 있을 터. 아마도 터미네이터는 사람처럼 가시광선이 아니라, 적외선을 이용해 사물을 본다는 느낌을 주기 위해서인 것 같다. 하지만 적외선은 이름 그대로 붉은색 너머에 있을 뿐이지 붉은색이 아니며, 보는 것은 적외선을 이용하더라도 얼마든지 다채로운 색으로 변환 가능하다. 그런데도 굳이 붉은색 명암만으로 세상을 보도록 만든 이유는 무엇일까. 혹시 터미네이터의 눈이 붉은색인 이유도 이 때문인가?

시야의 색이 어떠하든 터미네이터의 시각은 자신의 목적에 가장 부합하는 시각 능력을 가지고 있다. 그의 목적은 공격 대상, 혹은 보호 대상인 존 코너를 찾아내는 것이다. 그래서 그는 어두운 곳에서도 항온 포유동물인 사람을 찾아내는 데 적합한 열감지 센서와 개인을 식별하는 데 유용한 얼굴 인식 센서를 가지고 있다. 터미네이터는 먼저 사람의 얼굴을 똑바로 쳐다본다. 그러나 그의 시야에서 보이는 얼굴은 하나의 수치에 가깝다. 사람의 얼굴에서 피부의 색이나 결을 생략하고, 얼굴의 길이와 너비, 눈과 코의 위치, 광대뼈와 턱뼈의 각도 등 진한 메이크업이나 변장을 통해서도 바뀌지 않는 얼굴의 패턴을 인식해 눈앞의 상대가 목표물과 부합하는지만 빠르게 판단한다. 존 코너가 아니라면 그에겐 의미가 없으니까.

시각이란 생물체가 외부의 정보를 받아들이는 정보의 창구이며, 눈은 세상을 생명체 내부와 연결시키는 창임과 동시에, 자신이 보고자 하는 것만을 보도록 특화된 필터이다. 눈이라고 해서 모두 같은 눈은 아니라는 것이다. 물론 모든 것을 있는 그대로 보는 능력을 갖추면 좋겠지만, 문제는 지구라는 환경 자체는 물론이고 거기서 살아가는 거의 모든 생명체는 늘 제한된 자원을 가능한 효율적으로 이용해야 한다는 것이다. 눈이라는 하나의 투자 대상에 내가 가진 에너지원과 신경망을 너무 많이 투자해버리면 다른 감각기관과 운동기관에 투자할 자원이 그만큼 줄어든다. 또한 자연은 자신의 생존에 적합하도록 자신의 자원을 가장 효율적으로 분산투자한 개체를 선택했기에 생물체의 눈은 자신이 처한 환경에서 가장 적합한 투자의 결과를 보여준다.

다양한 동물의 눈

흔히 개는 색맹이라고 한다. 실제로 개는 붉은색과 초록색을 구분하지 못하며, 다른 색깔들도 흐릿하게 볼 뿐이다. 게다가 5미터만 떨어져도 제대로 보지 못할 만큼 심각한 근시다. 대신 개들은 후각과 청각이 뛰어나서 시각의 부족분을 메운다. 개는 이미 시야에서 멀리 사라진 동물을 냄새로 추적하는 것이 가능하고, 사람들은 듣지 못하는 초음파도 들을 수 있다. 예부터 밤중에 개들이 아무것도 없는 허공에 대고 컹컹 짖는 것을 보고 '개는 유령을 볼 수 있다'는 속설이 돌기도 했는데, 개들은 유령을 본 것이 아니라 어디선가 들려오는 초음파, 사람은 들을 수 없기에 존재조차 알 수 없는 것에 반응한 것이다.

상대적으로 비교하면 개는 시각보다 후각과 청각이 더 발달한 편이지만, 그렇다고 개의 눈이 모두 '나쁜' 것만은 아니다. 개는 사람에 비해 움직임을 판별하는 데 더 민감한 눈을 가지고 있다. 사람의 눈은 대개 초당 24프레임의 사진이 돌아가면 이를 연속적인 이미지로 판단 — 그래서 대부분의 영화나 애니메이션은 초당 24장의 필름을 돌려 인물이 자연스럽게 움직이는 것처럼 보이게 한다 — 하는데 이는 사람의 눈이 이보다 빠른 속도를 인식하지 못하기 때문이다. 하지만 개들은 사람보다 움직임에 훨씬 민감해서 초당 50프레임 정도는 되어야 연속적으로 느낀다. 애초에 사냥꾼이었던 개는 살아있는 먹잇감, 즉 움직이는 물체에 빠르게 반응하는 것이 유리한 형질이었고 그래서 더욱 빠르게 세상의 이미지를 잡아내는 눈이 선택되었던 것이다. 이는 빠르게 던진 원반을 실수 없이 낚아챌 수 있는 이유가 되기도 한다.

고양이도 마찬가지다. 야행성 사냥꾼인 고양이는 어두운 곳에서 잘 볼 수 있도록 특화된 눈을 지니고 있다. 세로로 길쭉하게 수축시킬 수 있는 동공과 반사경이 그것이다. 세로형 동공은 눈으로 들어오는 빛의 양을 미세하게 조절하는 데 매우 유리하다. 동공을 확대시키면 눈 전체를 덮을 만큼 크게 키울 수도 있고, 세로형 동공과 수직 관계에 있는 눈꺼풀을 적당히 내려 감는 것을 통해 눈으로 유입되는 광량을 미세하게 조절할 수도 있기 때문이다.

또한 고양이의 망막 뒤쪽에는 타페텀tapetum이라는 일종의 거울 같은 반사판이 있어서, 망막을 넘어 들어온 빛을 반사시켜서 다시 망막 쪽으로 보내 시력의 감도를 올린다. 이렇게 반사된 빛은 그냥 비추는 것보다 2배 정도 밝아지기에 그 효과는 증폭된다. 그냥 전등을 보았을 때보다 거울로 전등빛을 반사시켰을 때 더 눈이 부신 것처럼 말이다. 그러니 어두운 곳에서 고양이 눈이 빛나는 것은 고양이에게 영적인 능력이 있어서가 아니라, 고양이 눈에 달린 천연 반사경 타페텀에 빛이 비치는 것뿐이다.

사실 고양이 외에도 야간에 활동하는 동물들은 상당수가 이런 반사판을 가지고 있어서 어두운 곳에서도 잘 볼 수 있도록 특화되어 있다. 고양이의 경우 반사경의 위력 덕분에 어두운 곳에서는 인간보다 6배나 좋은 시력을 보인다. 하지만 밝은 곳에서는 인간의 눈과 비교되지 않을 정도로 시력이 떨어진다. 고양이는 수정체의 두께를 조절할 수 없어 심각한 근시임과 동시에 초록색 풀밭 속의 빨간 공을 구별할 수 없는 색각이상이다. 그래도 고양이는 살아가는 데 별 문제가 없다. 빛이 밝은 낮은 잠으로 보내기에 할 일이 없고, 광량이 부족한 밤에는 어차피 색은 구별되지 않으며 고양이의 먹잇감은 눈앞에 돌아다니는 작은 동물들이니 굳이 먼 데를 볼 필요가 없다.

야행성 포식자의 눈이 어두운 곳에서도 잘 볼 수 있도록 반사경을 갖추는 동안 초식동물인 소와 말은 시야가 넓은 눈을 가지게 되었다. 이들 역시 움직임에 민감한 눈을 갖춘 것은 개나 고양이와 같지만, 소와 말은 움직임에서 '두려움'으로 해석하라는 신호를 읽게 된다. 즉, 개가 날아오는 원반을 인식하고 이를 입으로 잡는 것은 날아가는 사냥감을 파악하고 목덜미를 물어뜯던 습관에서 유래된 행동이다. 반대로 초식동물인 소와 말에게 움직이는 대상은 잡아야 할 것이라기보다는 피해야 할 것이다. 더군다나 그 움직임의 반경이 크고 넓다면 이는 자신을 잡아먹기 위해 뛰어오는 맹수일 가능성이 있다. 그래서 이들은 커다란, 움직이는 물체를 보면 극심한 두려움에 빠지게 되고 당황해서 이리저리 날뛰거나 심지어 들이받는 과격한 행동을 보이게 된다.

경주마에게 눈가리개를 씌워 옆을 볼 수 없게 한다거나 투우사가 황소 앞에서 붉은 천을 마구 흔드는 것도 모두 이 때문이다. 경주마의 경우에는 응원하는 사람들의 동작에 겁을 먹고 날뛸 수 있기 때문에 이를 차단하기 위해서이고, 투우사는 황소를 불안하게 만들어 덤벼들도록 유도하기 위해서이니 결과는 다르지만 기전은 매한가지다. 이들이 커다란 움직이는 것을 두려워한다는 속성 말이다. 이는 오랜 피식자의 경험으로 인해 터득한 생존 방법이다. 또한 소와 말은 사람의 눈에 비해 훨씬 더 둥근 구슬 모양의 수정체를 가지고 있는데 — 사람의 수정체는 약간 통통한 원반 모양이다 — 이는 수정체의 굴절력을 크게 만들어 가까운 곳을 세밀하게 볼 수 있게 해준다. 풀을 먹고 사는 초식동물의 경우, 눈앞의 풀이 먹어도 되는 풀인지를 구별하는 것이 중요하기 때문에 가까운 곳을

어둠 속에서 빛나는 사자와 하이에나의 눈. 눈 안의 반사판이 빛을 반사시켜 일어나는 현상이다.

III. 눈을 넘어 보다

세밀하게 볼 수 있어야 한다. 수정체가 두꺼울수록 근거리 시력이 좋아지므로 구슬 같은 수정체는 이를 위한 장치이다.

날아다니는 곤충의 눈

눈을 하늘로 돌려보자. 아마 동물들의 시력 검사를 할 수 있다면 수리처럼 높은 하늘을 날아다니는 맹금류가 단연 우위를 차지할 것이다. 이들은 마치 눈에 망원경이 달린 것처럼 물체를 6~8배 확대해서 볼 수 있을 뿐 아니라 시야각도 240도 정도로 넓은 편이다. 이들은 1킬로미터 상공에서도 땅 위의 토끼를 구분할 수 있을 정도로 눈이 좋은 것으로 알려져 있다. 이들의 망막에는 시력의 중심이 되는 황반이 중앙과 옆쪽에 각각 하나씩 2개나 있고, 각각의 황반에 시세포가 사람보다 5배나 많이 몰려 있다. 게다가 이들은 가시광선뿐 아니라 자외선도 볼 수 있어서 이를 이용해 사냥감을 찾기도 한다.

흔히 독수리의 먹잇감이 되는 쥐 등의 설치류의 소변은 자외선을 반사하는 성질을 가지는데 사람은 자외선을 볼 수 없으니 이를 볼 수 없지만, 자외선을 볼 수 있는 수리의 눈은 설치류가 소변을 본 흔적도 놓치지 않는다. 수리의 눈에는 설치류의 소변에서 반사된 자외선 때문에 이것이 형광물질처럼 반짝여 쉽게 눈에 띄고, 이런 형광 얼룩이 있다면 주변에 먹잇감도 배회할 것이라는 힌트를 얻게 된다. 하지만 밝을 때는 이렇게 예리한 '매의 눈'도 해가 지기 시작하면 맥을 못 춘다. 매의 눈에는 어두운 곳에서 사물을 보는 간상세포가 적기 때문에 이들은 해가 지면 심각한 야맹증을 가진 '눈먼 매'가 된다. 하지만 별 문제는 없다. 낮 동안 부지런히 사냥해 배를 채운 뒤 해가 지면 안락한 둥지에 깃털을 누이고 쉬면 되니까. 이 밤이 지나면 내일의 해가 또 뜰 테고, 어둠이 깊을수록 새벽빛이 더욱 찬란할 테니.

이처럼 동물의 눈은 변화무쌍한 환경과 습성에 적합한 형태와 특성을 보인다. 하지만 기본적으로 '눈'이란 빛을 필요로 한다. 고양이나 올빼미의 눈은 어두운 곳에서 잘 볼 수 있도록 특화되긴 했지만, 그래도 보기 위해서는 희미하게나마 빛이 필요하다. 빛 한 점 들지 않는 어둠 속에서는 고양이조차 볼 수가 없다는 뜻이다. 그런 곳에서 빛을 이용하는 눈은 별다른 쓸모가 없기에 눈은 퇴화된다. 즉, 어두워지면 어두워질수록 빛을 감지하고 물체를 식별하는 눈의 능력은 업그레이드되게 마련이지만, 아예 빛이 사라지면 눈은 더 이상의 업그레이드를 멈추고 다른 감각에 자리를 내준다.

박쥐의 경우가 좋은 예다. 박쥐는 빛이 거의 들지 않는 어두운 동굴 속에서 살기에 눈이 아닌 귀로 세상을 본다. 박쥐는 초음파를 발산하고, 이 초음파가 동굴의 벽에 부딪쳐 되돌아오는 시간을 통해 장애물의 위치와 크기를 '눈으로 본 듯' 파악한다. 다행인 것은 박쥐가 발산하는 초음파는 사람이 들을 수 있는 '가청주파수'의 범위를 벗어난다는 것이다. 그렇지 않다면 우리는 또 다른 소음공해에 시달렸을지도 모른다. 전체 포유류 4,600여 종 중 20퍼센트가 넘는 925종이 박쥐이니 이는 결코 만만히 볼 문제가 아니다.

생명체들은 저마다 처한 환경에서 오랜 세월 적응하면서 자연에 의해 선택된 존재들이다. 그리고 각각의 개체들이 가진 서로 다른 눈은 그

선택의 결과물이다. 하지만 자연의 시계는 생물체가 지닌 시계와 단위의 차이가 크기 때문에 환경과 개체 사이의 미묘한 균형이 어떤 이유로든 깨진다면, 이에 적응하는 새로운 개체가 선택되기까지는 상당한 시간차가 발생한다. 대개 그 시간차는 개체에게 주어진 유한한 생을 훨씬 뛰어넘는다. 지질학적 변동 뒤에 반드시라고 할 만큼 대멸종이 뒤따르는 것은 이 때문이다. 다행인 것은 생물은 어떻게든 새로운 환경에 적응하는 존재들이 다시 나타나 선택되고, 인간은 그 엄혹한 시간차의 간극을 약간이나마 줄일 수 있는 거의 유일한 존재라는 것이다.

초음파로 보다

불과 십여 년 전까지만 하더라도 드라마에서 아이가 태어나는 장면이 나오면 산모와 가족들이 의사에게 묻는 첫 마디는 "아들인가요, 딸인가요?"였다. 하지만 이제는 드라마에서 그런 장면이 사라졌다. 장비의 발달로 빠르면 임신 4개월이면 성별 판별이 가능해 태어날 아이가 아들인지 딸인지 모르는 부모는 없어졌기 때문이다. 최근에는 임신 중 다태아여부, 역아逆兒와 전치태반의 여부 및 태아의 형태적 이상 등의 진단용정보뿐 아니라 태아의 3차원 입체 영상도 볼 수 있어서 태어나기 전에미리 아이의 얼굴 모습도 확인 가능하다. 그런데 흥미로운 사실은 이처럼 감추어진 신체의 내부를 마치 손바닥 보듯 훤히 볼 수 있는 배경에는빛이 아니라 소리가 있다는 사실이다. 인간은 '들을 수 없는 소리'를 이용해 '볼 수 없는 곳을 볼 수 있는' 방법, 즉 초음파를 찾아냈다.

세상 모든 소리는 파동, 즉 음파音波, sound wave를 지닌다. 음파란 '물체의 진동이 매질에 파동을 일으켜 고막을 진동시키는 것'을 말한다. 물체가 진동하면 그 떨림이 주변의 매질, 보통 공기 입자를 교란시켜 압력이 높은 곳과 낮은 곳을 형성시킨다. 그러면 압력 차에 의해 공기 입자들이 압력이 높은 곳에서 낮은 곳으로 이동하여 파동이 주변으로 퍼져 나가는데, 그 파동이 귀 속의 고막을 진동시키면 우리는 이를 '소리'로 느끼게 된다. 기본적으로 소리는 진동이지만, 모든 진동이 소리는 아니다.

우리의 고막은 지나치게 길거나 지나치게 짧은 진동에서 만들어지는 파장은 인지하지 못하는데, 고막이 소리로 인식하는 파동의 영역을 가청주파수라 한다. 인간의 경우, 가청주파수는 20~2만헤르츠 정도이며, 20헤르츠보다 낮은 영역대는 초저주파, 2만헤르츠보다 높은 영역대를 초음파超音波, ultrasonic라 말한다. 인간은 이 초음파를 들을 수 없는 대신, 초음파를 이용해 육안으로는 확인할 수 없는 것을 볼 수 있는 '어둠의 눈'을 개발해냈다.

초음파가 존재한다는 사실이 알려진 것은 19세기 중반이었다. 당시 박쥐의 생활사를 연구하던 학자들은 빛이 없는 어두운 동굴 속에서 박쥐가 장애물에 부딪치지 않고 먹이가 되는 곤충들을 발견할 수 있는 비밀의 열쇠가 초음파라는 사실을 알아내었다. 박쥐는 2만~13만헤르츠의 초음파를 공중에 내쏘아 이것이 사물에 부딪쳐 되돌아오는 패턴을 인식해 장애물과 먹이를 구별하며 살아가는 것이다. 하지만 당시까지만 해도 이런 현상은 그저 자연의 신비로움 중 하나일 뿐, 그 이상도 이하도 아니었다. 초음파의 산업적 응용은 인간이 빛이 존재하지 않는 어둠 속에서 반드시 무언가를 봐야 할 필요성이 생겨났을 때 비로소 주목받기 시작했다. 혹자는 그 계기가 1912년 있었던 타이타닉호의 침몰에서부터 시작되었다고 말한다.

한밤중에 북대서양을 항해하던 타이타닉호는 떠내려온 빙산을 미처 보지 못해 이와 충돌 후 침몰하여 1,503명이 사망하는 대형 사고를 일으켰다. 비단 타이타닉호 사건이 아니더라도 태평양과 대서양을 횡단하는 일이 빈번해지면서 육안으로는 확인하기 어려운 물체들과의 충돌은 항해의 큰 걸림돌이 되어 갔다. 게다가 곧이어 벌어진 제1차 세계대전에서 잠수함의 활약은 '볼 수 없는 곳을 보는 눈'의 필요성을 증대시켰고, 이는 1921년 프랑스의 롱게빈Longevin이 초음파 진동자를 개발해 수중 탐지 장치를 만드는 것으로 이어졌다. 이후 초음파 이용 장치는 개량을 거듭해 다양한 영역에서 여러 가지 쓰임새로 우리 삶에 파고 들었다.

초음파는 군사용, 산업용, 의료용, 가정용 등 우리 삶 전반에 다양하게 쓰인다. 먼저 초음파는 육안으로 판별이 힘든 잠수함이나 어뢰 등을 탐지하는 데 매우 유용하다. 초음파를 발사한 뒤 반사된 파동의 변화를 계산하면 장애물의 위치, 거리, 방향, 움직임 등을 알아낼 수 있다. 또한 초음파는 물체의 상태나 구조에 따라 반사되는 정도가 다르므로, 물체의 내부 구조를 파악하는 데 이용할 수도 있다. 1937년 러시아의 소콜로프Sokolov가 초음파를 이용해 대상을 파괴하지 않고도 내부를 검사할 수 있는 방법을 발견한 뒤, 초음파를 이용한 비파괴 검사는 대형 건축물이나 교량 등의 내부 검사에 일반적으로 이용되고 있다.

초음파를 이용하면 가려진 내부를 볼 수 있다는 사실은 곧 의학적 응용으로도 이어졌다. 인체의 주요 기관들은 모두 근육과 피부로 가려져 있어서 수술적 방법을 사용하지 않고서 병변을 육안으로 직접 확인하는 것은 어려웠다. 따라서 초음파의 의학적 진단 이용 가능성은 많은 사람들의 관심이 되었는데, 1942년 두직Duzich이 초음파를 이용해 뇌종양을 발견했다. 특히나 초음파를 이용한 진단은 X선 촬영과는 달리 방사선 피폭의 위험성이 없기 때문에 산과 분야에서 태아 모니터링을 하는 데 매우 유용하다.

마지막으로 초음파는 주파수가 짧은 만큼 강력한 에너지를 가지고 있기에 이를 적절히 이용하면 박테리아의 생물학적 조직을 파괴시킬 수 있어 안경이나 보석, 수술 도구 등의 표면에 붙은 세균과 유기물을 제거하는 초음파 세척기로도 이용할 수 있다. 박쥐가 수십만 년 동안 자연에 적응해 진화한 결과를 인간은 100여 년 만에 배워 응용하고 있는 것이다.

기계로 보다: 인공시각

인류는 오랜 세월 빛이 잘 드는 산과 들에서 빛이 풍족한 시간에 활동했기에 우리의 눈은 거기에 맞게 진화되었다. 따라서 시각은 여타 다른 감각에 비해 월등히 발달했다. 현대 인류는 외부에서 입력되는 정보의 80퍼센트 가량을 시각적 정보에 의지한다. 시각 정보가 감각에서 차지하는 비율의 80퍼센트 라는 것은, 시각을 잃으면 우리가 세상과 소통하는 통로 다섯 중 넷이 막힌다는 것과 다름없다. 즉 인간은 오감을 가지고 있으나 그중 팔 할이 두 눈에 할당된 셈이다. 따라서 사람들은 빛이 점점 희미해지고 사라져간다는 것을 느끼는 순간, 마지막 빛 자락을 놓치지 않기 위해 애를 쓴다.

안경과 콘택트렌즈의 도움으로 흐릿해진 세상을 또렷하게 바라보고 각막 이식술과 수정체 치환술로 눈을 가리는 장벽을 제거한다. 또 눈에 걸리는 압력을 줄이고 눈이 마르지 않도록 하는 등 그밖의 다양한 안과적 처치들을 통해 세상을 좀 더 또렷하고 좀 더 오래 눈 안으로 끌어들일 수 있지만, 그 모든 것도 결국 망막과 시신경이 제 기능을 했을 때의 이야기이다. 특히 망막은 빛을 전기 신호로 바꾸어주는 스위치를 넘어 외부의 물리적 존재인 빛이 내부의 심리적 심상으로 재현되도록 변성시키는 곳이기에 시각적 정보 수집의 핵심 경로이다. 문제는 이곳에 존재하는 광수용체 세포들은 한 번 손상되면 되살릴 수 없다는 것이다. 망막색소변성증이나 황반변성으로 인한 시력 손상이 영구적으로 이어지는 것은 이 때문이다. 따라서 파괴된 망막세포를 되살리거나 망막의 기능을 대신할 기계적 장치, 즉 인공망막을 이용해 눈과 뇌를 잇는 변환 장치를 복구하고자 하는 열망은 오래전부터 시작되었다.

인공 망막의 역사

인공 망막이 가능하기 위해서는 먼저 망막만 복구한다면 눈과 뇌의 연결이 다시금 복구될 수 있으리라는 희망이 필요하다. 망막세포의 소멸이 단순히 눈과 뇌의 연결 통로가 끊기는 것을 넘어 뇌의 시각피질에 영구적인 기능 결핍을 불러일으킨다면 인공 망막을 삽입해도 소용없을 수 있다. 1967년 영국의 브린들리Brindley 와 르윈Lewin의 무선 시각피질 자극기의 개발은 그래서 의미를 지닌다. 이 장치를 통해 시각피질에 전기적 자극을 주자, 실명한 환자는 깜깜한 어둠 속에서 빛나는 인광phosphene을 느꼈다고 대답했다. 뒤통수를 한 대 맞았을 때 눈앞이 번쩍하고 빛이 나는 느낌이 들 때가 있는데 그게 바로 인광이다. 이는 비록 눈은 얼굴 앞쪽에 모여 있지만, 시각피질은 뒤통수에 존재하기 때문에 일어나는 현상이다.

뒤통수를 물리적으로 세게 자극하면 그 결과로 이 부위의 신경이 자극되어 전기적 신호를 만들어내게 되는데*, 이들은 '시각' 영역을 담당하는 신경이므로 자신들의 주특기인 '보이는 것'으로 이 자극을 표현해내기 때문이다. 따라서 실명했는데도 인광이 보인다는 것은 눈으로 들어오는 자극이 없기에 시각피질이 활동을 정지하고 있을 뿐이지 그렇다고 이 부위가 기능을 완전히 상실하지는 않았다는 의미가 된다. 망막이 손

---

* 그렇다고 일부러 뒤통수를 가격하진 말자. 강도를 잘못 조절했다가 시각피질에 영구적 손상을 입으면 진짜로 실명할 뿐 아니라 목숨도 위태로울 수 있다.

III. 눈을 넘어 보다

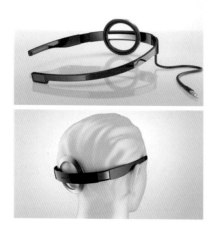

상되었더라도 시각피질은 살아 있으므로 인공 망막이 의미가 있을 가능성이 높아진다.

1977년에는 도슨 Dawson과 라드커 Radtke는 기능을 멈춘 망막을 전기적으로 자극하면 인광이 느껴지는 것을 알아냄으로써 망막이 망가져도 시신경이 아직 제 기능을 한다는 사실을 밝혀냈다. 인공망막 개발의 가능성을 제시한 것이다. 생체 내에서 망막은 물리적인 에너지인 빛을 받아 각각의 정보에 맞게 이를 시신경세포가 전달할 수 있는 전기적 신호로 변환시키는 역할을 한다. 따라서 망막의 기능을, 빛 신호를 전기적 신호로 변환시키는 일종의 신호 변환 장치로 이해해 접근하려는 시도들이 있다. 그래서 이들은 빛을 받아들이는 화상 획득 장치, 이 빛이 가진 정보를 파악해서 전기적 신호로 바꿔주는 신호 전환 장치, 이 신호를 시신경에 전달하는 시신경 자극 및 전송 장치, 그리고 기계이기 때문에 이 모든 것을 움직이게 하는 전원공급 장치를 연결시켜 생물학적 눈을 대신할

'기계 눈'을 개발하려는 시도를 하고 있다. 그리고 이런 장치들을 만드는 것은 현재도 어느 정도는 가능하다.

여기서 가장 큰 난제 중 하나는 우리 눈은 평균 직경이 겨우 24.4밀리미터에 불과할 정도로 작다는 것이다. 이 작은 눈 안에 이 모든 장치들을 넣어주어야 한다(사실 우리 눈에서 실질적인 시각을 담당하는 것은 3밀리미터에 불과한 황반 부위라 실제로는 이보다 더 작아야 하지만). 따라서 일단 인공 망막을 연구하는 이들이 해결해야 할 첫 번째 문제는 소형화 문제였다. 하지만 무조건 작게 만드는 것이 능사가 아니다. 작아도 필요한 장치들은 모두 있어야 시각을 대치할 수 있을 테니.

당장 소형화가 어렵다면 장치를 분산시키면 어떨까. 실제로 인공 망막이나 인공 눈을 연구하는 이들은 각각의 장치들을 분산시켜 빛을 받아들이고 신호를 변환하는 장치, 전원공급 장치 등은 눈 밖으로 빼고, 신호를 전달하는 장치만을 내부로 넣어서 부피의 부담을 줄이는 방법으로 소형화 불가의 문제를 피해가곤 한다. 또한 각각의 장치를 통합시키는 방법으로 문제를 해결하려는 시도도 있다. 망막이 빛을 감지하는 것이라면 빛이 지닌 광에너지를 동력원으로 이용하여 거추장스럽고 무거운 전원공급 장치를 떼어버리려는 시도를 하기도 한다.

하지만 눈에서 빛이 유입되는 경로는 바늘구멍만 한 동공밖에 없기 때문에 여기서 들어오는 광량으로는 안정적인 동력을 공급하는 데 부족하다. 그래서 등장한 인공 망막 중 사람들에게 많이 알려진 것은 아르구스 II다. 마치 비디오카메라가 달린 선글라스처럼 생긴 아르구스 II는 영상을 시각피질의 신경세포들이 인식할 수 있는 전기적 신호로 바꾸어 전달하는 장치로, 임상 실험을 통해 빛의 감지, 물체의 형태 빛 움직임 감지, 커다란 문자 인식 등이 가능하다는 것이 증명되어 지난 2013년 최초로 미국 FDA의 승인*을 받았다.

이 밖에도 다양한 형태를 갖춘 인공 망막들이 개발 및 개량되고 있어 이들의 도움을 받아 어둠 속에서 다시 빛을 찾은 이들을 거리에서 볼 수 있는 날도 그리 멀지 않았다. 다만 현재 기술로는 인공 망막을 통해 보이는 세상은 질감과 색감이 풍부한 3차원이 아니라 흑백과 점으로 이루어진 2차원 세상이다. 즉, 새롭게 만들어진 눈은 새로운 시야를 제시한 셈이다. 물론 앞으로 해당 분야의 기술이 더욱 발전한다면 우리가 보는 것과 동일한 방식으로 세상을 볼 수 있게 하는 정교한 인공 망막이 개발될 수도 있을 것이다.

한쪽에서는 망막을 대신할 작고 정교한 기계를 만드는 데 집중하는 사이, 다른 방식으로 망막을 대치할 연구를 하는 과학자들도 있다. 이들은 망막 자체가 하나의 살아 있는 조직이므로, 줄기세포를 이용해 망막을 원천적으로 재생시키려 했다. 이미 지난 2002년 일본 도쿄 대학의 아사지마 마코토 교수는 개구리의 배아줄기세포에 적절한 자극을 가해 수정체와 망막을 갖춘 안구를 시험관에서 발생시킨 적이 있는데, 눈을 제거한 올챙이에게 이식해 생착하는 것이 가능하다는 것까지 증명했다. 이후 학자들은 여러 연구를 통해 장차 망막세포로 분화되는 능력을 지닌 망막전구세포를 배양한 뒤 안구에 주입하는 것이 가장 가능성이 높다는

---

* 지난 2015년 7월, 영국에서 노인성 황반변성으로 실명한 80세의 레이 플린 씨는 아르고스 II를 이식해 일부나마 시력을 회복하면서 이 분야가 가능성이 높다는 것이 다시 한 번 확인되었다. 물론 이전에도 망막색소변성증 환자들을 대상으로 인공 망막 이식을 시도해 일부 성공을 거둔 바 있지만, 이 사례가 더욱 주목받은 이유는 환자가 고령이며, 실명 원인이 질병이나 유전적 소인이 아니라 노화로 인한 노인성 황반변성이었다는 것이다. 노화로 인해 기능이 떨어지더라도 회복이 가능하다는 것은 실명의 원인과 상관없이 회복 가능하다는 희망을 심어주었다.

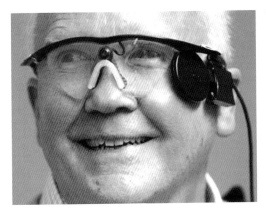

것을 확인하고 이를 시험적으로 시도하고 있다.

　　다행히 안구로 주입된 망막전구세포는 사멸하지 않고 안구 안에 안착해 망막세포로 분화되는 것까지는 가능했지만, 이들이 실제 필요한 부위에 정확히 안착되기보다는 주위 조직으로 새어나가는 양이 더 많아 큰 효과가 없었다. 그래서 망막의 정확한 위치에 망막전구세포들을 위치시키는 3차원 지지체의 개발이 동시에 이루어지고 있다. 이 밖에도 골수세포를 이용해 망막세포로 분화시켜 이식하는 연구, 망막색소를 공급하는 줄기세포의 이식에 대한 연구, 망막을 망가뜨리는 신생혈관 발생을 억제하는 세포 이식에 대한 연구 등 다양한 방법으로 죽어가는 망막세포를 되살리고, 이미 죽어버린 경우 이를 대체하기 위한 후보 세포들을 이식하는 방법을 다양하게 연구하고 있다.

　　아직까지 인공 망막 분야의 발전은 더딘 편이다. 그만큼 눈은 작고 정교하며 예민하고 까다롭기 때문이다. 하지만 더 정교하고 더 똑같이 볼 수 있는 눈을 개발하는 것과 동시에 더 많은 이들에게 골고루 빛을 돌려줄 수 있는 방안을 연구하는 것도 필요하다.

다시 기계로 만든 인공 눈으로 돌아와보자. 아주 제한적이나마 시각을 되찾게 도와주는 시각보조장치인 아르구스II의 가격은 미화 10만 달러(한화 1억2,000만 원 선) 수준에 이른다. 누군가에게 이 정도의 금액은 '잃어버린 빛을 되찾기에는 충분한 댓가'일 수 있겠지만, 이보다 훨씬 더 많은 이들에게는 '한 줄기 빛을 되찾기 위해서는 감당하기 힘든 대가'일 수도 있다. 이보다 앞선 인공 손 분야에서는, 개당 1만 달러 이상의 비싼 가격으로 인해 혜택을 받지 못하는 사람이 늘어나자 3D 프린터를 이용해 비용을 수십 달러 수준으로 낮춰 보급을 시도한 사례도 있다.

눈은 중요하다. 그렇기에 눈을 잃는 순간, 우리는 너무나 많은 감각과 인식, 경험을 포기해야 하는 일이 벌어진다. 그래서 눈을 대치할 새로운 눈을 찾고 개발하는 일은 매우 중요하다. 하지만 세상에는 빨리 앞서 나가는 것도 중요하지만 함께 같이 나가는 것이 중요한 일도 많다. 눈이 내게 그토록 중요한 것이라면 타인에게도 중요한 것은 두말할 나위가 없다. 선두에 선 과학자들이 더 빨리, 더 정교하게, 더 진짜 같은 눈을 만들어 주었으면 한다. 함께 나아가는 사회는 더 널리 더 많은 사람들이 더 편리하게 이용할 수 있는 '인간다운 눈'을 적용하는 방법을 고민해야 할 것이다.

참고문헌

1장 | 눈으로 보다

『눈의 탄생』, 앤드류 파커 지음/오은숙 옮김, 뿌리와 이파리, 2007

『눈먼 자들의 도시』, 주제 사라마구 지음/정영목 옮김, 해냄, 2002

『공생, 멸종, 진화』, 이정모 지음, 나무, 나무, 2015

『국가 생물종 목록-원생동물』, 환경부 국립생물자원관, 2012

「방해석의 복굴절에 의한 편광」, 이원진 외, 대구산업대학 논문집 제12권 2호, 1998

『핵심 인체발생학』, 케이스 무어 지음, 이퍼블릭, 2010

『생명의 개연성』, 마크 커슈너&존 게하르 지음/김한영 옮김, 해나무, 2010

『안과학(제10판)』, 김현승 외 지음, 일조각, 2014

「최근 재증가하고 있는 미숙아망막병증의 임상 고찰」, 김정훈&유영석, 한국병리학회지 25권 1호, 2009

「미숙아 망막증의 위험인자에 대한 분석」, 구윤정, 석사학위논문, 이화여자대학교 대학원 「신생아 안과검사에서 발견된 안과적인 이상」, 이자영 외, 대한안과학회지 52권 2호, 2011

『두 개 달린 남자, 네 개 달린 여자』, 에르빈 콤파네 지음/장혜경 옮김, 생각의 날개, 2012

『마음의 눈』, 올리버 색스 지음/이민아 옮김, 알마, 2013

『3차원의 기적』, 수전 배리 지음/김미선 옮김, 초록물고기, 2010

「단안증 1례」, 윤승찬 외, 대한산부인과학회지 25권 2호, 1982

「양안시의 전반적인 이해」, 성풍주, 대한안경사협회 자료

「사시 환자에서 입체시의 양상」, 정유리, 석사학위논문, 아주대학교

「오래 지속된 사시 환자에서 수술후 양안 시기능 및 양안 시야」, 김동해 외, 대한안과학회지 37권 9호, 1996

「셔터 방식과 편광 방식의 시청에 의한 피로도의 평가」, 이혜진 외, 대한시과학회지 16권 2호, 2014

「디지털 시네마 3D 영사&3D 안경」, 방송과 미디어 15권 2호, 2010

단안증 https://en.wikipedia.org/wiki/Cyclopia

익시아와 사이클로파민 https://en.wikipedia.org/wiki/Cyclopamine

『건강한 시력을 위한 안경 콘택트렌즈』, 황대연, 우리출판사, 2005

『티코와 케플러』, 키티 퍼거슨 지음/이충 옮김, 오상, 2004

란돌트 고리 https://en.wikipedia.org/wiki/Landolt_C

진용한 시력표 http://www.jvinstitute.net/

「학령기 아동의 시력저하 실태 및 관련 요인」, 신희선&오진주, 아동간호학회지 8권 2호, 2002

「눈의 건강 – 시력의 이상, 근시·원시·난시」, 한국건강관리협회, 건강소식 22권 11호, 1998

「TV가 시력에 미치는 영향」, 최명숙, 시청각교육 3호, 1969

「영유아의 시력 관리: 국민건강보험공단 영유아건강검진 매뉴얼에 대한 보론」, 장지호, 대한의사협회지 56권 6호, 2013

국가건강정보포털 http://health.mw.go.kr/Main.do

『보이지 않는 고릴라』, 크리스토퍼 차브리스&대니얼 사이먼스 지음/김명철 옮김, 김영사, 2011

『우리 눈은 왜 앞을 향해 있을까?』, 마크 챈기지 지음/이은주 옮김, 뜨인돌, 2012

『시지각 문제, 어떻게 할까?』, 리사 쿠르츠 지음/조형철&유희숙 옮김, 시그마프레스, 2010

「눈과 시각로의 해부생리」, 정경천, 대한임상신경생리학회지 제 3권 제 1호, 2001

Optic chiasm https://en.wikipedia.org/wiki/Optic_chiasm

Ricahrd Langton Gregory, 「Recovery from Early Blindness A Case Study」, http://www.richardgregory.org/papers/recovery_blind/recovery-from-early-blindness.pdf

『색맹의 섬』, 올리버 색스 지음/이민아 옮김, 이마고, 2007

『빨강이 초록으로 보여!』, 줄리 앤더슨 지음/허은미 옮김, 한울림스페셜, 2015

『바람의 화원』, 이정명 지음, 밀리언하우스, 2007

『과학을 취하다 과학에 취하다─강석기의 과학카페 시즌3』, 강석기 지음, MID, 2014

「Extraordinary facts relating to the vision of colours」, John Dalton, 1794, http://lhldigital.lindahall.org/cdm/ref/collection/color/id/5574

「The chemistry of John Dalton's color blindness」, Hunt DM etc. Science 1995, Feb 17, 267(5200) http://www.ncbi.nlm.nih.gov/pubmed/7863342

「색각과 색각이상의 매커니즘」, 김용근, 한국안경광학회지 창간호, 1996

「화학물질 흡입자의 후천성 색각이상 평가」, 김명효, 석사학위논문, 영남대학교

「돌연변이가 우리를 색맹에서 벗어나게 했나」, 강석하, 2010

「Emergence of novel color vision in mice engineered to express a human conephotopigment」, Jacobs GH etc. Science. 2007 Mar 23, 315(5819)

https://ko.wikipedia.org/wiki/%EC%83%89%EA%B0%81_%EC%9D%B4%EC%83%81

Tetrachromacy─https://en.wikipedia.org/wiki/Tetrachromacy

Sex linkage─https://en.wikipedia.org/wiki/Sex_linkage

『미러링 피플』, 마르코 야코보니 지음/김미선 옮김, 갤리온, 2009

『공감의 심리학』, 요아힘 바우어 지음/이미옥 옮김, 에코리브르, 2006

「깨진 거울인가 깨지지 않은 거울인가?」, 손정우 외, 소아청소년정신의학 2권 3호, 2013

「포르노그래피의 자연사:진화, 신경학적 접근」, 장대익, 비평과 이론 17권 1호, 2012

「거울 뉴런에 대한 최근 연구들」, 장대익, 정보과학회지 30권 12호, 2012

「호모 리플리쿠스」, 장대익, 인지과학 23권 4호, 2012

「I Know What You Are Doing: A Neurophysiological Study」, G. Rizzolatti etc.
Neuron 31(1), 2001 July 19

2장 ǀ 눈을 보다

『각막』, 한국외안부학회 펴냄, 일조각, 2013

『이젠, 의사들도 안경을 벗는다』, 곽노훈 외, 가교, 2005

『시력 교정수술』, 강신욱, 한미의학, 2012

「20년 이상 투명각막이 유지된 각막이식환자에 대한 고찰」, 이경민&정성근, 대한안
과학회지 2009년 50권 1호, 2009

「원추각막에서 각막링 삽입술 후 단기간 임상효과」, 김호승 외, 대한안과학회지, 2009
년 50권 10호, 2009

「근시교정술로 시행한 라식과 라섹의 비교」, 전보영, 석사학위논문, 경북대학교

「라식 수술 후 악화되는 아벨리노각막이상증의 발견된 숫자, 원인 고찰 및 치료법제
시」, 이정호 외, 대한안과학회지 49권 9호, 2008

각막이식 http://www.cmcseoul.or.kr/transplantation/kind/cornea.do

아벨리노 이영양증 http://www.avellino.co.kr/

「3대에서 발생한 무홍채증」, 김형전 외, 대한안과학회지 24권 4호, 1983

「선천성 안진을 동반한 안피부형 백색증 2예」, 한규철 외, 대한이비인후과학회지 47권
7호, 2004

「파란 말은 없지만 파랑새는 있다」, 강석기, 동아사이언스 2014년 1월 6일자

「개인확인 및 인증 알고리즘을 위한 홍채 패턴인식」, 김윤희 외, 대한안과학회지 42권 7호, 2001

albinism - https://en.wikipedia.org/wiki/Albinism

『백내장』, 존 버거 지음/장경렬 옮김, 열화당, 2012

『백내장 완전정복』, 김봉현 지음. 중앙생활사, 2009

「Cataracts the key to Monet's blurry style」, Stewart Payne, 2007 http://www.telegraph.co.uk/news/uknews/1551703/Cataracts-the-key-to-Monets-blurry-style.html

「당뇨망막병증환자에서 무색 인공수정체안과 황색 착색 인공수정체안의 대조민감도 및 색각 기능 비교」, 백승화, 석사학위논문, 인제대학교 의과대학

「비구면 다초점 인공수정체를 단안에 삽입한 백내장수술의 장기 임상결과」, 전미현 외, 대한안과학회지 51권 4호, 2010

「History Of Intraocular Lenses」, by Optical Express in Lens Replacement, 2010, Optometry Giving Sigh, http://givingsight.org/

「심청의 아버지 심봉사는 백내장이었다?」, 이동호의 눈으로 보는 세상, 프라임경제, 2006, http://www.newsprime.co.kr/news/article.html?no=10283&sec_no=78

『망막 질환 완치 설명서』, 고형준 지음, 헬스조선, 2012

『최재천의 인간과 동물』, 최재천 지음, 궁리, 2007

쉴라 니렌버그Sheila Nirenberg: 실명을 치료하는 의안(인공 눈), https://www.ted.com/talks/sheila_nirenberg_a_prosthetic_eye_to_treat_blindness?language=ko

「비타민 A:생물학적, 화학적 및 화장품학적 고찰」, 정인경, 전남도립대학교 논문집 4권, 2000

「무색소성 망막 변성증」, 김재호 외, 대한안과학회지 22권 2호, 1981

「색소성 망막변성증 환자에서의 인공수정체삽입술」, 대한안과학회지 31권 12호, 1990

「망막색소변성증의 유전자 연구」, 김광중, 주간 건강과 질병 4권 33호, 2011

「열공성 망막박리에 대한 임상적 고찰」, 박종률 외, 대한안과학회지 43권 6호, 2002

「망막박리수술 후 발생한 망막앞막의 임상적 분석」, 최은수 외, 대한안과학회지 50권 7호, 2009

「외상 열공망막박리의 임상적 특징」, 이준엽 외, 대한안과학회지 50권 8호, 2009

「황금의 쌀−프랑켄식물일까?」, 현원복, 과학과 기술 34권 11호, 2001

황금쌀과 게이츠 재단 http://www.gatesfoundation.org/What−We−Do/Global− Development/Agricultural−Development/Golden−Rice

이성진의 레티나 http://www.retina.co.kr/ver2/index.php

『황반 변성의 모든 것』, 유형곤 외, 라온누리, 2011

「지역사회거주 노인의 황반변성 관련 요인」, 김철규 외, 지역사회간호학회지 24권 1호, 2013

「들쭉추출물의 노인성 황반변성증에 관한 예방효과 : A2E 축적된 ARPE−19세포와 C57BL/6 mice의 망막에서 광 손상에 대한 들쭉추출물의 보호효능」, 김선미, 석사학위논문, 경희대학교

「나이관련황반변성에서 황반의 미세구조적 변화와 시력과의 상관관계」, 신현진, 석사학위논문, 건국대학교

「국내의 나이관련황반변성에 대한 기초역학조사」, 박규형 외, 대한안과학회지 51권 4호, 2010

「Bilberry Extract and Vision」, Julie Edgar, http://www.webmd.com/eye−health/ features/bilberry−extract−and−vision

「Lutein and Zeaxanthin: Eye and Vision Benefits」, Gary Heiting, http://www. allaboutvision.com/nutrition/lutein.htm

「The male mouse pheromone ESP1 enhances female sexual receptive behaviour through a specific vomeronasal receptor.」, Touhara etc. Nature, 2010 Jul 1, 466(7302)

「Human Tears Contain a Chemosignal」, Noam Sobel etc. Science 2011 Jan 14, 331(6014)

「눈마름 증후군의 최근 개념과 약물치료」, 전연숙, 대한의사협회지 2007

「1차 진료의를 위한 쇼그렌증후군」, 곽승기, 대한내과학회지 89권 3호, 2015

「The "Diana effect"」, Rhidian Morgan-Jones, BMj 316(7146), 1998 Jun

「The Role of Mucous Layer in Tear film and Dry Eye Disease」, 김만수 (가톨릭대 의과대학), 대한검안학회 http://www.optometry.or.kr/

『녹내장의 모든 것 』, 김용연&황영훈 지음, 고려대학교출판부, 2009

「난치성 녹내장에서 Ahmed 녹내장밸브 삽입술의 임상적 고찰」, 이현주, 석사학위논문, 이화여자대학교

「백내장과 녹내장 환자에서의 방수의 성분 분석」, 홍영재 외, 대한안과학회지 32권 1호, 1991

「정상안압녹내장에서 안압과 시야결손진행의 관계」, 한의석 외, 대한안과학회지 50권 10호, 2009

「정상안압녹내장, 고안압녹내장 및 정상 대조군 사이의 생활 습관 비교」, 김명훈 외, 대한안과학회지 52권 2호, 2011

「정상안압녹내장과 고안압녹내장의 시신경유두의 정량적 비교」, 박현준&최병길, 대한안과학회지 41권 5호, 2000

「메니에르와 메니에르병 」, 김규성, 대한이비인후과학회지 48권 12호, 2005

「선천성 안구진탕」, 박현준&장봉린, 대한안과학회지 31권 3호,1990

「안진」, 김지수, 대한신경과학회지 22권 3호, 2004

「안구운동 생리」, 김지수, 대한임상신경생리학회지 1권 2호, 1999

「뉴로마케팅과 공간」, 류기정, 건축 58권 9호, 2014

「뉴로마케팅의 원리와 활용사례」, 신현준&이은주, 경영교육연구 14권 3호, 2011

「이동 단순형상에 대한 인간의 시선이동 - 아이트래킹 연구」, 김태용,한국언론학회 학술대회 발표논문집, 2008

『당뇨 환자의 눈 관리』, 허걸 등저, 고려대학교출판부, 2014

「중등도 빈혈에서 결막혈관의 형태와 혈중 헤모글로빈 농도와의 관계」, 윤준근 외, 대

한안과학회지 43권 3호, 2002

「한국인 갑상샘 기능 이상 환자에서 갑상샘눈병증의 임상 특징」, 우경인 외, 대한안과
학회지 49권 9호, 2008

「망막색소상피세포에서 Paraquat에 의한 세포 손상에 미치는 고농도 포도당의 영향」
고재웅 외, 대한안과학회지 43권 8호, 2002

「당뇨병성 망막증의 위험인자에 관한 환자-대조군 연구」, 배희철, 박사학위논문, 경
희대학교

「당뇨병에서 나타나는 눈의 변화-당뇨병성 망막증」, 손준홍, 당뇨 221호, 2008

「당뇨망막증의 약물 및 수술치료」, 곽형우, 당뇨 153호, 2002

『눈 성형술』, 스티븐 파지엔 지음/김용배&이영만 대표저자, 엘스비어코리아, 2009

「The Truth About Eye Whitening」, http://healthcare.utah.edu/healthfeed/postings
/2014/09/090914_red.eyes.php

「마이토마이신 병용 미용적 결막절제술 후 발생한 공막각막염 및 이차성 녹내장」, 우제
문 외, 대한안과학회지 50권 12호, 2009

「공막 석회화 절제 가위를 이용한 미용적 결막절제술 후의 공막석회화 제거」, 우영제
외, 대한안과학회지55권 11호, 2014

「Cosmetic extraocular implant」, Melles etc. J Cataract Refract Surg. 2004 Jul;30(7)

3장 ㅣ 눈을 넘어 보다

『웰컴 투 더 마이크로월드 : 현미경으로 본 세상』, 홍영식 지음, 이치사이언스, 2009

『전자현미경으로 보는 마이크로의 세계』, 니시나가 스스무, 뉴턴코리아, 2011

『다윈 평전』, 에이드리언 데스먼드&제임스 무어 지음/김명주 옮김, 뿌리와 이파리,
2009

「엄마 얼굴 처음 본 시력장애 아기」, YTN 뉴스 2015년 1월 23일,
http://www.ytn.co.kr/_ln/0104_201501231552471596

「WNY Center for the visually impaired」 http://www.wnycvi.org/html/visual_
impairments.html

「Hair - A microscopic view」, Hair - A microscopic view

「국제 바이오현미경 사진전」, http://www.osong-bio.kr/home/contents/view.
do?menuKey=390&contentsKey=177

Antonie van Leeuwenhoek - https://en.wikipedia.org/wiki/Antonie_van_
Leeuwenhoek

『하늘을 보는 눈, 갈릴레오 망원경에서 우주 망원경까지』, 고베르트 실링&라르스크르
스텐센 지음, 2009 세계천문의 해 한국조직위원회 옮김, 사이언스북스, 2009

『콘택트』, 칼 세이건 지음/이상원 옮김, 사이언스북스, 2001

『물리학의 탄생과 갈릴레오』, 제임스 맥라클란 지음/이무현 옮김, 바다출판사, 2002

『갈릴레오의 진실』, 윌리엄 쉬머&마리아노 아르티카스 지음/고중숙 옮김, 동아시아,
2006

『시크릿 유니버스』, 조앤 베이커 지음/김혜원 옮김, 을유문화사, 2012

Galilean moons https://en.wikipedia.org/wiki/Galilean_moons

Giant Magellan Telescope http://www.gmto.org/

『사진의 역사』, 보먼트 뉴홀 지음/정진국 옮김, 열화당, 2003

『CCTV 시스템 구축』, 지창환 지음/인포더북스, 2010

「민간부문 CCTV 설치 및 운영 실태조사」, 김상균, 국가인권위원회 보고서, 2010

『동물의 눈』, 김도현 지음, 나라원, 2015

『동물은 어떻게 세상을 볼까요?』, 기욤 뒤프라 지음/정미애 옮김, 길벗어린이, 2014

『초음파의 신비를 찾아서』, 권태문 외 지음, 예문당, 2003

「초음파를 이용한 진단법의 기본 원리 및 의학적 유용성」, 최민주, 소음진동 10권 5호,
2000

『인체와 기계의 공생, 어디까지 왔나?』, 장 델베크 지음/김성희 옮김, 알마, 2013

「인공 망막 시스템을 위한 Silicon Nanowire Photodetector를 포함한 신경 자극기」, 석창호 외, 대한전자공학회 학술대회 논문집, 2014

「Stem cell therapy for retinal diseases」, Rubens Camargo Siqueira, Siqueira StemCellResearch & Therapy 2011, 2:50

「자기장을 이용한 인공망막자극기」, 안재현, 석사학위논문, 서울대학교

아르구스 http://www.secondsight.com/

참고 표: 시각계 장애 분류 (보건복지부 기준)

분류	복지부
좋은 눈의 시력이 0.02 이하인 경우	1급 1호
좋은 눈의 시력이 0.04 이하인 경우	2급 1호
좋은 눈의 시력이 0.08 이하인 경우	3급 1호
두 눈의 시야가 각각 주시점에서 5도 이하로 남은 경우	3급 2호
좋은 눈의 시력이 0.1 이하인 경우	4급 1호
두 눈의 시야가 각각 주시점에서 10도 이하로 남은 경우	4급 2호
좋은 눈의 시력이 0.2 이하인 경우	5급 1호
두 눈에 의한 시야의 1/2 이상을 잃은 경우	5급 2호
나쁜 눈의 시력이 0.02 이하인 경우	6급

하리하라의 눈 이야기 - 우리가 알고 싶었던 또 다른 눈의 세계
ⓒ 이은희 2016

초판 1쇄 발행 2016년 2월 1일
초판 5쇄 발행 2021년 6월 21일

지은이 이은희
발행인 이상훈
편집인 김수영
본부장 정진항
편집1팀 이윤주 김단희 김진주
마케팅 천용호 조재성 박신영 성은미 조은별
경영지원 정혜진 이송이

펴낸곳 (주)한겨레엔 www.hanibook.co.kr
등록 2006년 1월 4일 제313-2006-00003호
주소 서울시 마포구 창전로 70 (신수동) 화수목빌딩 5층
전화 02-6383-1602~3 **팩스** 02-6383-1610
대표메일 book@hanibook.co.kr

ISBN 978-89-8431-956-1 03400